科普总动员

地球哺育人类，人类改造世界。让我们一起来感受解读生命的生物传奇吧！

解读生命的

生物 传奇

编著：倪青义

生物在地球历史中
有着40亿年左右的发展进化历程

山西出版传媒集团
山西经济出版社

图书在版编目(CIP)数据

解读生命的生物传奇 / 倪青义编著. — 太原：山西经济出版社，2017.1（2021.5重印）
ISBN 978-7-5577-0152-9

Ⅰ.①解… Ⅱ.①倪… Ⅲ.①生物学—青少年读物 Ⅳ.①Q-49

中国版本图书馆CIP数据核字（2017）第009786号

解读生命的生物传奇
JIEDU SHENGMING DE SHENGWU CHUANQI

编　　著：	倪青义
出版策划：	吕应征
责任编辑：	侯轶民
装帧设计：	蔚蓝风行

出 版 者：山西出版传媒集团·山西经济出版社

社　　址：太原市建设南路 21 号

邮　　编：030012

电　　话：0351-4922133（发行中心）

　　　　　0351-4922085（总编室）

E-mail：scb@sxjjcb.com（市场部）

　　　　　zbs@sxjjcb.com（总编室）

网　　址：www.sxjjcb.com

经 销 者：山西出版传媒集团·山西经济出版社

承 印 者：永清县晔盛亚胶印有限公司

开　　本：787mm×1092mm　　1/16

印　　张：10

字　　数：150 千字

版　　次：2017 年 1 月　第 1 版

印　　次：2021 年 5 月　第 2 次印刷

书　　号：ISBN 978-7-5577-0152-9

定　　价：29.80 元

前言 ■解读生命的生物传奇

辽阔无垠的山川大地,苍茫无际的宇宙星空,人类生活在一个充满神奇变化的大千世界中。异彩纷呈的自然科学现象,古往今来曾引发无数人的惊诧和探索,它们不仅是科学家研究的课题,更是青少年渴望了解的知识。通过了解这些知识,可开阔视野,激发探索自然科学的兴趣。

本书介绍了生物学科的相关知识。分"生物进化历程""生物技术发明""生物学科猜想"3 个篇章,通过对生物的起源及进化,生命的产生与构成,生物科技的发明发展以及部分奇异生物的介绍,向青少年读者普及生物学科知识,展现生命的神奇。全书图文并茂、通俗易懂,并以简洁、鲜明、风趣的标题引发青少年的阅读兴趣。

生物是指有生命的个体。生物在地球历史中有着 40 亿年左右的发展进化历程。它们最重要和最基本的特征在于其进行新陈代谢及遗传,这是所有生物生命现象的基础。但是想对"生命"下一个科学的定义却十分困难,至今为止,没有一个为大多数科学家所接受的生命的定义。但是从错综复杂的生命现象中,我们可以找到生物的一些共性,即生命的基本特征:均由细胞和细胞产物构成;具有新陈代谢作用;具有生长、发育、生殖的特性;具有遗传和变异的特征等。本书在第一章节为您详尽地介绍了构成生命的基本单位细胞,影响生命体生殖发育、遗传变异的DNA(脱氧核糖核酸)、染色体、基因等物质,以及维持生命体正常运转的新陈代谢、消化吸收、神经调节等功能,并列举多种奇异生物,如神农架野人、远古生命蜥脚类恐龙、凶残的古蜥鲸、聪明的海豚、大自然的恩赐鹿、犬类王者藏獒等,为读者展现生命的奥秘,揭晓神奇的生物谜底。

认识了生命的物质构成和运转形态后,书中第二章节将为您介绍生物技术的相关发明。治疗糖尿病的胰岛素是如何发现的?牛胰岛素是怎样进行人工合成的?杂交水稻由谁研制成功,未来又有怎样的发展?试管婴儿是何时诞生,又面临什么样的难题？诸如此类的问题，将在书中一一为您解答。

随着科技的进步及社会的发展，生物学科的研究范围不再局限于生物与生物之间，而是扩展到研究生物与生物圈、生物圈与环境之间关系的学科。研究范围包括生物个体、种群、生态系统以及生物圈等层次，揭示生态系统中食物链、生产力、能量流动和物质循环的有关规律，这些内容不但具有重要的理论价值，而且同人类生活密切相关。书中第三章节将介绍生物学科的未来发展及相关猜想，包括未来异种器官的移植、野生动物的命运、烟草的医疗用途、生物工程技术对未来人类社会的影响等内容，以此揭示生物与生物圈、生物圈与环境之间错综复杂又相互依存的关系。

生物圈是人类及其他生物共同拥有的家园。但是进入 20 世纪以后，人口急剧增长，工业飞速发展，生物的生存受环境及生态系统的影响，生物圈遭受到灾难性冲击。因此保持生态平衡已然成为人类当前刻不容缓的任务，只有营造一个健康和谐的环境，人类才能与生物圈共存亡。

目录 ■解读生命的生物传奇

第 1 章　生物进化历程

生物的演化　2

达尔文未能解答的问题　6

人类起源的另一个谜底　10

生物进化论的建立　14

细胞学说的创立　16

胚胎学的发展　19

现代经典遗传学的建立　22

发酵工程的创立　25

新陈代谢的研究历程　28

DNA 的发现　31

生命之舟染色体　34

生命的密码箱基因　37

解剖学研究历程　40

线粒体的发现　42

条件反射的发现　46

消化与选择吸收　49

神经调节的研究历程　52

神农架野人　55

远古生命蜥脚类恐龙　59

寒冷地带的强者麝牛　63

鳄鱼的眼泪　67

大象的起源　71

鸟类的进化　75

桃花水母再现娇艳　79

世界最古老的龟　83

海洋天使——海豚的进化　87

大自然的恩赐——鹿　92

犬类王者藏獒　97

第 2 章　生物技术发明

胰岛素的发明　104

牛胰岛素的人工合成　107

杂交水稻的诞生　110

试管婴儿的诞生　113

第 3 章　生物学科猜想

异种器官移植或成现实　116

有鳞类爬行动物新系谱　118

冰河纪曾毁灭海洋生物　121

生物只有两性的猜想　123

未来烟草有望挽救生命　126

未来多种野生动物或灭绝　128

基因突变与改造生命 131

生物工程技术下的未来世界 134

死而复生不是梦 137

科学家能推测未来 139

未来基因药物可定制 142

未来人类能活多少岁 145

基因工程创造奇迹 148

创造生物材料新时代 150

解读生命的生物传奇

▼▼
目录

生物进化历程

□解读生命的生物传奇

第 **1** 章

生物的演化

科普档案 ●动物名称:奥陶纪时期的鹦鹉螺 ●出现时间:4.5亿年前 ●特点:体形庞大、嗅觉灵敏、嘴喙凶猛

从地球诞生到6亿年前,地球上的生物从以低等植物为主演变为有壳的无脊椎动物占优势。生物不断从低级向高级演化,无脊椎动物让位给脊椎动物;脊椎动物中又不断有新的"强者"出现,从鱼类、两栖类、爬行类、哺乳类到人类,依次扮演着地球上的主角。

距今约6亿年前,较高级的生物大量出现了,并有大量未经变质的沉积岩层和动物化石保留下来,从而提供了许多比较可靠的材料。

从地球诞生到6亿年前,这段时间在地球历史上被称为隐生宙。当地球上的生物从以低等植物为主演变为有壳的无脊椎动物占优势时,地球的历史从隐生宙进入显生宙。生物继续从低级向高级演化,无脊椎动物让位给脊椎动物;脊椎动物中又不断有新的"强者"出现,从鱼类、两栖类、爬行类、哺乳类到我们人类,此衰彼兴,依次扮演着地球上的主角。在古生代的早期,我国的北方和南方,都有很广阔的地区被海水淹没。在海里,藻类仍在大量繁殖,但比它高级得多的生物已大量出现了,一种被称为三叶虫的动物统治了全世界的海洋,这时陆地上仍没有任何生物。三叶虫是节肢动物的一种,全身分为头、胸、尾三节,又有一条凸起的中轴贯穿在头尾之间,横看竖看都可分出三个部分,在它的身上长有甲壳,起保护作用。三叶虫一般长约数厘米,这在当时是大个的动物,它们大多栖息在海底,也有少数钻到泥沙中居住或在水里漂游。

寒武纪后期是三叶虫鼎盛的时期,到奥陶纪时,三叶虫的数量仍不少,但海中已出现了比它更厉害的动物。这种动物是一种软体动物,它有锥状的硬壳,长有环状的触手,并用它捕捉食物和爬行、游泳。它们的个儿大,一般长达几十厘米,行动迅速,口腔坚硬,因此三叶虫不是它们的对手,这些

软体动物是章鱼、乌贼的远亲，它们的化石被称作"角石"，而其中被称为"鹦鹉螺"的这一种，居然还见之于今天的海洋里。随后，地球上占统治地位的是属于脊椎动物的鱼类。早在奥陶纪的海洋中，一种外形似鱼，头部无上下颌骨，身上披有骨质甲片的"甲胄鱼"已经出现；到了志留纪晚期，真正的鱼类登场了。到了泥盆纪，鱼类进入繁盛期，一时间地球上成了鱼类的世界。

□三叶虫

　　从志留纪中期开始，全世界许多被海水淹没的地区，发生了地壳升高为陆地的变化：一些地区地壳比较平稳地大面积升高，海水慢慢地退却；还有一些地带，地壳剧烈地褶皱，逐渐形成绵亘的山脉，这就是所谓的造山运动。到了泥盆纪，陆地的范围更为扩大，虽然其间也有海水漫上大陆的时候。从海洋到陆地的变化，促使原来在海里生活的生物向陆地上转移。志留纪晚期，在滨海地区的沼泽中，出现了一种极为原始的蕨类植物，这类植物的根、茎、叶都还没分化出现，光秃秃的，故被称为裸蕨，它们是首先登上陆地的植物。到了泥盆纪，陆地上的植物增多，而且大多有根有茎，枝叶茂盛。这些植物仍以蕨类为主，不过它们可不像今天的那种矮小的草本植物蕨类，而是多为高大的木本植物，特别是在进入石炭纪以后，这些植物更为茂盛。它们在许多地方组成了茂密的森林，树木的高度有达到40米的，茎的基部最粗的有3米。这些树木由于各种原因被埋藏到地下，天长日久就变成了煤层。地球上的煤，在石炭纪时形成的最多，以后地球上的森林，再也没有达到那时的规模。紧接着石炭纪的二叠纪，陆上的植物仍很茂盛，并开始有松柏一类更高级的植物出现，这时形成的煤层也不少。动物登上陆地比植物要晚，但在泥盆纪时也开始有了原始的两栖类。到了石炭纪、二叠纪

□恐龙的世界

时,地球上变成了两栖类的天下。昆虫出现在陆地上,可能比两栖类还要早些,在石炭纪、二叠纪时已很发达,那时的昆虫有1300种以上,其中形体特别大的,翅膀就有70厘米长,这样大的昆虫,后来再也没有出现过。

在二叠纪末期,地球上的生物界来了一个大变革,三叶虫等多种生物都灭绝了,古生代宣告结束。在石炭纪、二叠纪,地壳继续不断升降,一些地区时而为海、时而为陆;造山运动也多次发生。今天的各大陆,在那时也已粗具规模,不过是一整块,后来逐渐分裂成几块,并各自移动了位置,经过两亿多年才演变成今天这个样子。古生代结束,地球的历史进入中生代。爬行动物统治地球,是中生代的一大特征。那时的爬行动物,大都躯体庞大,形象恐怖,人们使用了传说中的"龙"来称呼它们。一时在陆地上爬的有恐龙,在海里游的有鱼龙、蛇颈龙,在天上飞的有飞龙、翼龙,地球上成了"龙的世界"。在中生代末期,恐龙和其他许多种"龙"都绝灭了。出现在中生代晚期的强烈的地壳运动,可能是恐龙等绝灭的一个重要原因。这场规模很大的地壳运动,使地球上出现许多高山,气候变冷,植物随之也发生了很大的变化,原来有利于恐龙生存的环境改变了,而它们又没有应变能力,最终灭绝了。近年来又有人提出,巨大的陨石撞击地球所产生的影响,可能才是恐龙灭绝的主要原因，进入新生代，强烈的地壳运动继续发生，特别是在3000多万年前，长期被水淹没、堆积有巨厚沉积物的现今喜马拉雅山一带，逐渐升起成为"世界屋脊"，这新一轮的造山运动被称为喜马拉雅运动，它在我国其他地区也有表现，一些地区升高成为高原山岳，一些地区又沉降成为平原洼地，造成地形起伏的巨大变化。

在爬行动物退位后，代之而起的是哺乳类动物，还有鸟类。一些四足有蹄、以吃植物为生的兽类繁殖起来，食肉类动物因有了食料也随之发展起来了。地球上的生物，渐渐演变成为今天的状况，人类登上地球这个舞台的条件成熟了，地球的历史也随之进入了一个崭新的时代。地球在不停地转动，随着它的转动，时间在前进，几十亿年过去了，这才具备了适于人类产生和发展的条件。人类成为地球的主人，地球的历史开始了一个新纪元。

早在3000多万年前，地球上就已出现了一种高级的哺乳动物古猿。这些古猿本来在森林中生活，成天在树上攀缘，但是由于环境变化，有一部分古猿下了地，而且学会直立行走，手脚分化，视野变得开阔，头脑也发达起来，终于能够制造工具和说话，进化成了人，这种转变现在一般都认为是在第四纪完成的。

人类的祖先为了得到赖以生存和发展的条件，经过难以想象的艰苦历程，终于克服了环境改变带来的困难，走出了一条从只能适应环境到自发改造环境的新路。

知识链接

生物化石

地球的诞生，已有45亿~46亿年，地球历史上发生的事情，主要是靠当时形成的岩层和所含的古生物化石记录下来的；地球上的生物虽然早在30亿年前就已出现，但长期停滞在很低级的阶段，主要是些低等的菌藻植物留下的化石。

达尔文未能解答的问题

科普档案 ●植物名称:栎树 ●分布区域:北半球温带地区,尤其是北美洲,中国长白山、辽东地区

生物学的理论基础是达尔文的进化论。什么是生命的起源？动物为什么有颜色？火鸡为什么要利用尾羽的色彩？雄性极乐鸟为什么要"翩翩起舞"？达尔文认为，在自然选择与性选择之间存在着某种平衡。

动物为什么有颜色？火鸡为什么要利用尾羽的色彩？雄性极乐鸟为什么要"翩翩起舞"？达尔文认为,在自然选择与性选择之间存在着某种平衡。根据这个理论,雄性是依靠颜色诱惑雌性的,但是达尔文却不能证实雌性禽类是否真的能看到这些颜色。依靠一些特殊的摄像设备和对不同动物的颜色的解剖学分析证实,雌性的确能分辨出不同颜色,甚至能看到人类无法看到的紫外线区域的色彩。

为什么出现了生物大灭绝？达尔文时代的科学家可以从岩石层中推断出古生代化石生物是如何灭绝的,又如何被中生代化石生物所取代的。他们从中了解到,生物灭绝是一种自然现象。但是,他们却不能了解为什么只有某种动植物消失了,还有一些并没有消失。大约从20世纪50年代开始,地质学家们开始注意到,地球的历史和生命体的历史并非一直保持和谐与进步。实际上,地球曾发生过5~6次生物大灭绝,导致50%以上的动植物消失。可是,生物进化的顽强创造力又使生命体在接下来的时期内复苏,新的生态系统从此建立。

地球到底多少岁？当达尔文列举出有关地球历史的大量数字时,他对地球年龄的估计是数千万至数亿年。在研究了岩石结构后,达尔文毫不怀疑这些岩石要经过许多年时间才能堆积而成。事实是,达尔文在其位于英国肯特郡的家附近发现的白粉有数千米的厚度,他由此而推断地球是需要

1 亿年、甚至更长的时间才能形成的。但是,那个时代的大多数研究成果和科学家都认为达尔文的这一想法是愚蠢的,认为地球只存在了 1000 万年的时间,甚至更短。当然,在那个时代这些科学家们还不知道 700 万年前最早的一个人种"乍得人"就已出现。在得知这一发现之后,科学界开始回过头去重新核对他们的许多种假说。19 世纪 90 年代,放射性定年法被发现,通过比较某些放射性矿物质的比例,如铀和氩,就可以证明地球的年龄已经超过了 45 亿年。因此,达尔文的直觉判断是正确的。

□达尔文

遗传是什么?早在 19 世纪的时候,人们就知道红头发的父母会生出红头发的孩子,而斑点狗也会繁殖出同种的小狗。但是,那时的人们却不知道为什么会这样。当存在于每个细胞核内的遗传基因密码被发现后,谜底就揭开了。1953 年,DNA 结构首次被破解,分子生物学因此诞生,时至今日,这门科学已经占据了世界上全部科学研究的一半以上,原因就是它对生物学、医药学和农业都可以产生影响。而分子生物学的理论基础正是达尔文的进化论。

什么是生命的起源?达尔文是第一个指出所有生命体,无论是细菌,还是人类,苔藓还是栎树,都是从一个共同的祖先进化而来的。但是,他却无法证实这种说法。从 1940 年开始,大量的化石被陆续鉴定出来,并推断出存在的年份。其中最古老的已经有 35 亿年的历史,并证明了所有生命体都建立在一个"族谱"之上,它的根基则是一个非常简单的生物体。

眼睛如何进化?达尔文认为,人类的器官是从非常简单的结构进化而来,然后具有了非常复杂的功能。但是,达尔文的反对者们却提出,功能甚少的眼睛实际上没有什么用处。可是达尔文却认为,功能欠缺总比没有好,比如一些海洋无脊椎动物只能分辨出黑白两色,但这对于它们而言已经足够了。还有一些动物只能捕捉到光,例如蠕虫。世界上只有脊椎动物和头足动物拥有可以调节大小的眼睛,这样方便聚焦。基因学研究已经证实了达尔文的理论:脊椎动物和更加简单的无脊椎动物的眼睛拥有同一种进化基因。

地球上有多少物种?达尔文坚信地球上的物种多种多样,纷繁复杂,他唯一无法确定的就是到底有多少物种生活在地球上。1830年,达尔文乘坐"小猎犬"号展开了环球探险,他发现在太平洋的岛屿上生活着各种各样的鸟类,而且每个岛屿都有其独特的鸟类。这一发现令他非常困惑:为什么上帝要创造这么多的鸟?据达尔文的估计,地球上存在着数十万种物种。然而今天,还有新的物种被陆续发现,这一数字也许是成百上千万种,但是确切数字是多少,科学界对此仍有争论。一些人认为是1000万种,但也有人认为是1亿种。

有没有不适合生命体存在的条件?令达尔文印象深刻的是,地球上的许多生命体都生活在极端恶劣的条件当中。在达尔文年轻时代的探险旅行中,企鹅引起了他的注意,因为这种动物居然能在冰天雪地中生存下来。此外,还有甲壳纲动物,它们的生活习性也是在冰面以下。但是,如果达尔文了解了最近发现的一些称之为"极端微生物"的细菌的生存环境,就更加会感到惊奇了。其中一些极端微生物生活在可以达到沸腾状态的温泉中,而另一些则在北极圈冰面以下数百米的地方繁衍生息。对极端微生物的研究为我们提供了解释

原上猿　腊玛古猿　南方古猿　直立猿人　尼安德特人　克罗马农人

□人类的进化

缺氧状态下的生命起源的一些具有说服力的例证，甚至可以解释其他星球是否也存在生命体。

为什么恐龙如此庞大？一些与达尔文同时代的科学家认为，恐龙的身形之所以如此庞大是因为它在生理上进化得较为超前，而且它们是热血动物。地质学家则把原因归于中生代的气候，那个时候地球是燥热的，而且营养充沛。对恐龙骨骼研究之后证实，恐龙绝不是生理上最先进的物种。虽然它是卵生，但其生长最快速的时期是青年时期，即5~15岁之间，这与现在的哺乳动物是一样的。

人类会不会改变进化？在达尔文的那个年代，人们想的只是物种的进化会让各种生命体变得越来越完善。但是，今天的人们已经开始考虑，工业的进步正在危害地球。

由于电脑的出现和对过去地质年代的更好了解，现在的科学家们已经具备了预言未来的能力，并证明我们生存的地球原本是非常脆弱的。达尔文在他那个年代已经意识到，人类可以干预自然平衡，这正是上千万年自然进化的结果。

🔖 **知识链接**

达尔文的贡献

达尔文是英国博物学家、生物学家、进化论的奠基人。达尔文以博物学家的身份，参加了英国派遣的环球航行，做了5年的科学考察。在动植物和地质方面进行了大量的观察和采集，经过综合探讨，形成了生物进化的概念。1859年出版了震动当时学术界的《物种起源》。

人类起源的另一个谜底

科普档案 ●**动物类别:**鱼类 ●**出现时间:**5亿年前的寒武纪晚期 ●**特性:**冷血脊椎动物,用鳃呼吸,具有颚和鳍

解剖学家发现了一个惊人的事实:人的胚胎在早期发育阶段也有过鳃裂。这是偶然现象还是人类与鱼类有着悠久的亲缘关系?用生物进化论来解释,人类与鱼类一样,也是起源于水中,人类的远祖也曾有过可在水中呼吸的鳃。

人类是由猿变来的,这一点早已编入了教科书。那么猿又是由什么演变而来的?如果说它是由鱼类演变而来的,你会感到吃惊吗?然而这却有几分科学的依据。

鱼类之所以能在水中生活,是因为它们具有能在水中呼吸的鳃,这也是鱼类的一个重要特征,现代人不能在水中生活,是因为没有这种适应水中呼吸的鳃。人类的呼吸器官是肺,肺中流进了水人就会被呛死。既能在海底生活,又能到陆上活动,这只是人们的一种幻想,在现实生活中,这种"两栖人"是不存在的。但解剖学家发现了一个惊人的事实:人的胚胎在早期发育阶段也有过鳃裂。这是偶然现象还是人类与鱼类有着悠久的亲缘关系?用生物进化论来解释,人类与鱼类一样,也是起源于水中,人类的远祖也曾有过可在水中呼吸的鳃。虽然在漫长的进化过程中鳃逐渐退化了,但仍在人的胚胎早期发育阶段留下了鳃的痕迹。科学地说,不仅是人类,所有的脊椎动物,包括两栖类、爬行类、鸟类和哺乳类,也都和鱼类一样,在胚胎的早期,在头后部的咽腔有着开向左右的裂隙——鳃裂,这是造鳃的初步表现。所不同的是,鱼类和两栖类的鳃裂发育为呼吸水流的通道,而爬行类、鸟类、哺乳类以及人类的鳃裂,产生不久即从胚胎中消失。

在胚胎早期出现的鳃裂,是脊椎动物同出一源的有力证据。这个"源"就是奇伟浩渺的海洋,而鳃裂就是脊椎动物以及人类身上留下的一种起源

□水是生命不可缺少的一部分

于海洋的共同印记。据生命科学家推测，原始生命从海洋中诞生以后，首先是由单细胞生物、原始生物发展到脊椎动物的鱼类。鱼类中的一支逐渐从海洋登上陆地，演变成为两栖类，而后又逐渐将在水中呼吸的鳃进化成为在空气中呼吸的肺。两栖类又进化到爬行类、哺乳类以至人类。到如今，我们仍然可以看到这样的论证：属于两栖类的蛙的幼体蝌蚪和鱼一样在水中生活，用鳃呼吸，以后蝌蚪变成了蛙，登上了陆地，鳃变成了肺，进化到用肺呼吸。唯一不同的是时间上的差异，蛙类的这个由水登陆的过程，是在3个星期的短时间内发生的，可是，当初的总鳍鱼由海登陆，却经历了亿万年的漫长岁月。

对于生命来说，水比阳光更重要。地球之所以物种繁茂，生命昌盛，是因为有约占地球面积71%的海洋。水是生命不可缺少的一部分。

人体的内部就是一个奇妙的"海洋"。一个身体质量为70千克的成年人，分布在各种组织和骨骼中的体液达到45~50千克，占体质的65%~70%，一个人的胚胎发育到3天时，所含的体液达97%，与海洋中的水母所含的水一样多；发育到3个月时，所含的体液达91%；新生儿身上含水量达80%；1岁以上的孩子身体内的含水量就和成人一样了。原始生命在海洋中诞生以后，海洋中的生物逐渐向陆地迁移，并把诞生地的海水带到自己的体内，而在后代中留下了从海洋起源的印记，这一点人类也不例外。为了说明人身上的血液与大洋中的纯海水有不可分割的密切关系，苏联科学家弗·杰普戈利茨还特地对海水和人类血液进行了对比测量，结果发现海水和人血中溶解的化学元素的相对含量惊人地接近。这绝不是偶然的巧合，而是人身上的海洋印记，是人类来自海洋的最好证据。

海水的固有特征就是带有咸味，人体血液中就带有这种海水特有的稍咸的味道。当你在进食时，如果不慎咬破舌头，伤口流出了血，你就尝到了血的咸味。人血的含盐度一般为 10‰ 左右，比普通海水的平均含盐度低一些，而且，科学家在考察地球历史中发现，在原始生命诞生时期，海洋中并没有那么多的盐分，比今日要低得多。之后大陆上的盐分逐渐随水流注入海洋，海水才慢慢变得咸起来。而在鱼类进化到两栖类，并由海洋登上陆地的时候，其咸度就相当于现在人血的咸度。会不会是因为人类的远祖在登陆时只带上了当时的海中物质，并以此代代相继，所以人血的含盐度就比现在的海水要低一些呢！

这个道理在医学上得到了普遍承认，当人体因某种疾病而大量失水时，或者出血过多时，医生的首要任务就是给患者皮下或静脉中注射生理盐水，出汗过多，人的机体就会因失水失钠而致病，这时向人体内部"海洋"中补充"海水"，就是维持生命必需的。

人身上另一个重要的海洋印记则是生命离不开水。科学地说，人体中的所有生命活动，都是在水的参与下进行的。这与海洋又何等的相似。海洋中的海流永不停息地循环运动，不断进行着水体的运动和再分配，同时又为地球带来了动力和温度的调节。在人体内部的"海洋"中，也不断地进行着这种水体的运动和再分配，血液不停地循环，犹如海洋中的海流，水是良好的溶剂，人体中的有毒物质和残余物质溶解在水中，随水排出体外。在人体有机作用中产生的残余物质和有毒物质排出的过程中，起主要作用的是由肾、输尿管、膀胱、尿道组成的泌尿系统。肾像一个自动过滤器，成年人一昼夜通过肾的血液量是全部血液的 360 倍，约每 4 分钟将全身血液过滤 1 次，可见这里的水体运动和交换也是十分剧烈的。

人体中的任何生命都离不开水：汗水通过毛孔由皮肤表面排出，调节了人体的温度；眼泪不住地排出，润湿了人们的眼睛，冲洗了眼睛中的灰尘；还有唾液、胆汁、胃液、淋巴液、脑脊液……无一不是在水的参与下才得以发挥作用。人类的繁衍，两性的结合，乃至人的全部生死过程，也始终离不开水。以水为媒，两情相悦乃是生命延续的真实！

在正常情况下，人体处于水平衡状态，即补充的和构成有机体的水量与排出体外的水量相当。一旦破坏了这一平衡，就会产生严重后果。如果水不能正常排出，就会在体内泛滥，身体浮肿；如果人体内的水比正常量减少就会感到口渴，甚至皮肤会起皱纹，口腔干燥，意识模糊；当失水过量时人就会死亡。可见维持人体内部"海洋"中的正常水量是何等的重要！

如此看来，人身上的海洋印记，是一本内容丰富的生物进化教科书。它告诉人们：海洋，孕育了世间的生命，它是所有生物的母亲，也是我们人类的母亲！

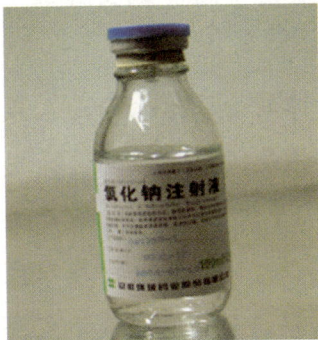

📖 知识链接

生理盐水

生理盐水是指生理学实验或临床上常用的渗透压与动物或人体血浆的渗透压相等的氯化钠溶液。用于两栖类动物时是 0.67%～0.70%，用于哺乳类动物和人体时是 0.85%～0.90%。人们平常点滴用的氯化钠注射液浓度是 0.90%，可以当成生理盐水来使用。因为它的渗透压值和正常人的血浆、组织液都是大致一样的。

生物进化论的建立

科普档案 ●**动物名称**:猿猴●**出现时间**:6500万年前的古新世●**特性**:爱乱窜,专门以昆虫为食的胆小动物

19世纪中期,英国生物学家达尔文提出了自然选择学说,其核心结论认为,自然界的一切生物都遵循"生存竞争,优胜劣汰"的原则,这在他那个时代非常具有进步意义,后又把此观点写进他的著作《物种起源》,发表后轰动一时。

19世纪中期,英国生物学家达尔文发表了他的生物进化研究学说的著作《物种起源》,在世界范围内引起了巨大的反响,并被誉为19世纪自然科学的三大发现之一。

达尔文出生在英国,祖父和父亲都是当地有名的医生,他从小就活泼好动,喜欢采集昆虫。后来,他的父亲送他到爱丁堡大学学医。但他对医学并不感兴趣,却对生物学非常喜爱,经常到外面采集生物标本,解剖动物并进行分类观察。

22岁时,经朋友推荐,达尔文以博物学者的身份进行了5年的远洋科学考察。每到一个地方,他都仔细考察当地的动物、植物资源,并且从一些远古动物的化石上,发现古今的不同,经过他严密的推理和研究,他推断,一切生物都是随着时间的推移而逐渐进化的。接着他用收集的资料和证据,成功地用自然选择学说解释生物进化的原因,提出生物进化的自然选择学说。

自然选择学说和神创论截然相反,完全对立。神创论认为无论是人或是动物都是上帝所创造的,而自然选择学说认为生物是通过自然的选择发展到今天的样子的。生物都有过度繁殖的现象,也就是说,每种生物所产生的后代的数量总比实际存活下来的后代的数量多得多。但是,生物赖以生存的生活条件是有限的,因此生物要生存下去,就必须进行生存斗争。生存

斗争包括种族内部斗争、种族斗争以及生物跟无机环境之间的斗争三个方面。在生存斗争过程中，具有有利变异的个体容易存活下来，并且有更多的机会将有利变异传给后代；具有不利变异的个体就容易被淘汰，产生后代的机会也少得多。没有变异，就不可能出现新的生物类型。没有遗传，变异及其遗传基础就会随着个体的死亡而消失。不遗传的变异在进化上是没有意义的。

其学说的核心结论，认为自然界的一切生物都遵循"生存竞争，优胜劣汰"的竞争原则。达尔文的生物进化论在他的那个时代是非常具有进步意义的，他把他的观点写进了《物种起源》，发表后造成了轰动，撼动了神创论的主导地位，表现了唯物主义的精神。达尔文的生物进化论，发表至今近150年，其在世界范围的影响是很大的，特别是在他的学说里，这种生物的进化也自然包括了万物之灵的人类。所以，我们现在的历史教科书里，也写上了人类是由猿猴进化来的。

📖 **知识链接**

《物种起源》

《物种起源》是达尔文论述生物进化的重要著作，出版于1859年11月24日。该书是19世纪最具争议的著作，其中的观点大多数为当今的科学界普遍接受。在该书中，达尔文首次提出了进化论的观点。他使用自己在19世纪30年代环球科学考察中积累的资料，试图证明物种的演化是通过自然选择和人工选择的方式实现的。

细胞学说的创立

科普档案 ●生物学名词:细胞　●发现学者:英国科学家罗伯特·胡克　●时间:1665年

德国植物学家施莱登和动物学家施旺于1838~1839年间提出细胞学说,但直到1858年才较完善。细胞学说论证了整个生物界在结构上的统一性,以及在进化上的共同起源。它的建立推动了生物学的发展。

生物是由细胞构成的,这是现在的人们众所周知的。在这一基础上,人们对生物界进行了更深入地研究,发现了细胞的全能性,即任何细胞都具有发育成完整个体的潜在能力。根据这一理论,人们发展了组织培养、克隆技术等高科技的生物技术。而这一切都是在细胞学说的基础上建立的。

细胞一词第一次出现是在17世纪。显微镜刚刚问世的时候,物理学家胡克就在显微镜下看到软木薄片是由许多蜂窝状的小结构组成的现象。他将这些小结构命名为"细胞"。

18世纪,生物学家热衷的是对分类学的研究,对生物微观方面的实验有所忽视,生物的显微研究未取得新的成就。到了18世纪末和19世纪初,许多科学家试图在植物界和动物界中寻找结构方面的基本单位。德国诗人、生物学家歌德认为植物的叶是一切植物的基本单位。德国自然哲学家奥肯认为一切生物都是由一种称为"黏液囊泡"的基本单位构成的。显然这些观点都是不正确的。一直到19世纪显微镜的制造技术有了进步,使显微镜的分辨率提高,才为考察动、植物的微观结构创造了条件。至19世纪30年代,一些科学家在显微镜下观察到细胞的细胞质、细胞核、细胞壁等结构以及细胞质的运动,而且在动物体内也发现了细胞。而细胞学说最终是由德国植物学家施莱登和动物学家施旺完成的。

施莱登19世纪初生于汉堡的一个医生家庭。20多岁时,由于兴趣的驱使他决定改行，在哥廷根大学和柏林大学学习植物学和医学。19世纪30年代末，施莱登完成了一篇论述显花植物的胚芽发育史的论文。他在论文中指出，研究植物学必须摒弃当时的抽象推论方法，而应该进行严密地观察，然后在观察地基础上进行严格地归纳。

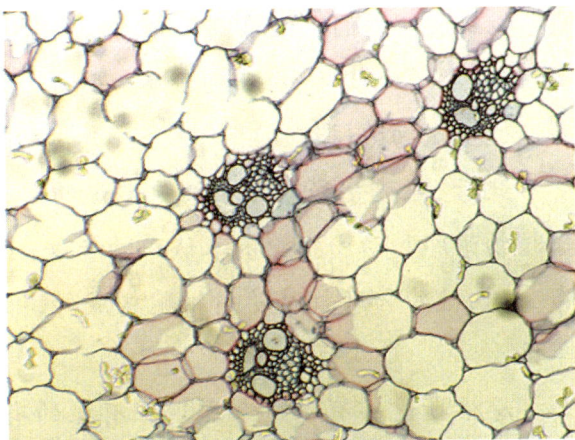
□显微镜下的细胞

施莱登于19世纪30年代末开始研究细胞的形态及其作用。同年他发表了《植物发生论》一文。他在论文中提出：无论怎样复杂的植物体，都是由细胞组成的，细胞自己不仅是一种独立的生命，而且也作为植物体生命的一部分维持着整个植物体的生命。

有一次聚会上，施莱登把还未公开发表的《植物发生论》中，对有关植物细胞结构的情况，以及细胞核在细胞发育中的重要作用等方面的认识告诉了同在缪勒实验室工作的施旺，引起了施旺的兴趣。

施旺于19世纪初生于莱茵河畔的诺伊斯，中学毕业后去学医，后来获得博士学位，成为著名生理学家缪勒的助手。施旺曾发现胃蛋白酶，他还发现了神经纤维周围的纤维细鞘，后来该纤维细鞘被称为"施旺神经鞘"。

在那次聚会上与施莱登的会面，使施旺猛然想起从前在观察蝌蚪背部的神经索细胞和软骨细胞时，发现它们都具有细胞膜、细胞质和细胞核。这时他便猜测，也许在植物体中起着基本作用的细胞，在动物体内也有着相同的作用。施旺开始通过实验来验证他的猜测，他对一些特殊的组织，如上皮、蹄、羽毛、肌肉组织、神经组织等进行研究，得到的结论是：无论什么组织，尽管它们在功能上是不同的，但它们都是由细胞发育而来或是细胞分化的产物。

19世纪30年代末，施旺发表了题为《动、植物结构和生长的相似性的显微研究》的论文，指出一切动、植物组织，无论彼此如何不同，均由细胞组成。他写道:"我们已经推倒了分隔动、植物界的巨大屏障,发现了基本结构的统一性。"他认为,所有的细胞无论是植物细胞还是动物细胞,均由细胞膜、细胞质、细胞核组成。

此后,施莱登和施旺在细胞学说的问题上取得一致的看法,分别发表了植物细胞和动物细胞基本认识的专著,创立了细胞学说。他们向世界宣布,一切植物和动物都是由细胞构成的,细胞是生命的结构和功能的基本单位。

恩格斯说:"有了这个发现,有机的有生命的自然产物——比较解剖学、生理学和胚胎学才获得了巩固的基础。"细胞学说与达尔文的进化论和孟德尔的遗传学被称为现代生物学的三大基石,而实际上可以说细胞学说又是后两者的"基石"。细胞学说在哲学上也具有重要的意义,它使千变万化的生物界通过具有细胞结构这个共同的标准特征而统一起来。同时有力地证明了生物彼此之间存在着亲缘关系,为生物进化理论奠定了基础。恩格斯认为细胞学说的建立是最令人信服地检验了辩证唯物主义的正确性。他把细胞学说、进化论、能量守恒和转化定律列为19世纪的三大科学发现。总之,细胞学说的提出不仅对生物科学,而且对整个人类科学的发展都具有重大的意义。

📖 知识链接

胃蛋白酶

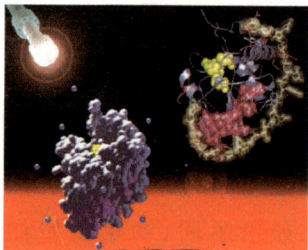

胃蛋白酶是一种消化性蛋白酶,由胃部的胃黏膜主细胞所分泌,功能是将食物中的蛋白质分解为小的肽片段。胃蛋白酶初分泌时为无活性的胃蛋白酶原,在胃酸或已激活的胃蛋白酶的作用下转变为具活性的胃蛋白酶。在适宜环境下(pH 约为 2)可将蛋白质分解为肽和胨,很少产生小分子肽或氨基酸。自猪、牛、羊等胃黏膜提取的胃蛋白酶用作助消化药,常与稀盐酸同时用于治疗幼畜消化不良性腹泻和慢性萎缩性胃炎。

胚胎学的发展

科普档案 ●生物学名词:胚胎 ●定义:多细胞生物由受精卵开始的个体发育过程最初阶段的雏体

胚胎学是研究动物个体发育过程中形态结构的变化,从而了解各种动物发育的特点和规律的生物学分支学科。也可广义地理解为研究精子、卵子的发生、成熟和受精,以及受精卵发育到成体的过程的学科。

像一切科学一样,生物胚胎学也走过了漫长而又艰辛却不断前进的历程。

古希腊学者亚里士多德最早对胚胎发育进行过观察,他推测人胚胎来源于月经血与精液的混合,并对鸡胚的发育做过一些较为正确的描述。17世纪中期,英国学者哈维提出"一切生命皆来自卵"的假设,发表了《论动物的生殖》,记述了多种鸟类与哺乳动物胚胎的生长发育。显微镜问世后,精子与卵泡被人们发现,意大利学者马尔比基观察到鸡胚的体节、神经管与卵黄血管,他认为在精子或卵内存在初具成体形状的幼小胚胎,它逐渐发育长大为成体。这就是他主张的"预成论"学说。18世纪中叶,德国学者沃尔夫提出了"渐成论",他指出,早期胚胎中没有预先存在的结构,胚胎的四肢和器官是经历了由简单到复杂的渐变过程而形成的。

19世纪20年代末,爱沙尼亚学者贝尔发表《论动物的进化》一书,报告了多种哺乳动物及人卵的发现。他观察到人和各种脊椎动物的早期胚胎极为相似,随着发

□爱沙尼亚学者贝尔

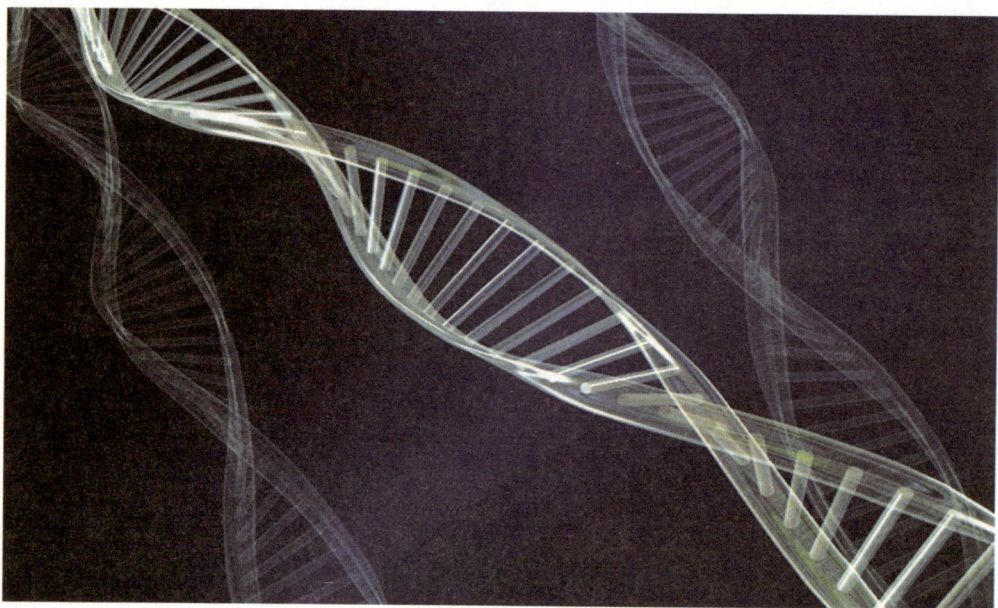

□分子生物学

育的进行才逐渐出现纲、目、科、属、种的特征,这就是著名的贝尔定律。贝尔的研究成果彻底否定了"预成论",并创立了比较胚胎学。19世纪50年代中期,德国学者提出胚胎发育的三胚层学说,这是描述胚胎学起始的重要标志。不久后,英国学者达尔文在《物种起源》中指出不同动物胚胎早期的相似表明物种起源的共同性,后期的相异则是由于各种动物所处外界环境的不同所引起的。至19世纪60年代,科学家又进一步提出"个体发生是种系发生的重演"的学说,简称"重演律"。这一学说大体上是事实,但由于胚胎发育期短暂,不可能重演全部祖先的进化过程,如哺乳动物胚胎中可见一类假鱼的鳃裂,但未发展为鳃。

　　自19世纪末,人们开始讨论胚胎发育的机理。德国学者应用显微操作技术对两栖动物胚进行了分离、切割、移植、重组等实验。根据实验结果,科学家提出了诱导学说,认为胚胎的某些组织(诱导者)能对邻近组织(反应者)的分化起诱导作用。这些实验与理论奠定了实验胚胎学。为了探索诱导物的性质,一些学者应用化学与生物化学技术研究胚胎发育过程中细胞与组织内的化学物质变化、新陈代谢特点、能量消长变化等,以及它们与胚胎形态演变的关系。英国学者李约瑟总结了这方面的研究成果,并发表《化学胚胎学》一书。

　　20世纪50年代,随着DNA结构的阐明和中心法则的确立,诞生了分子生物学。人们开始用分子生物学的观点和方法研究胚胎发生过程中遗传基因表达的时空顺序和调控机理,于是形成了分子胚胎学。分子胚胎学与实验胚胎学、细胞生物学、分子遗传学等学科互相渗透,发展建立了发育生物学,主要研究胚胎发育的遗传物质基础、胚胎细胞和组织的分子构成和生理生化及形态表型如何以遗传为基础进行演变,来源于亲代的基因库如何在发育过程中按一定时空顺序予以表达,基因型和表型间的因果关系等。发育生物学已成为现代生命科学的重要基础学科。

　　我国的胚胎学研究是于20世纪20年代开始的。朱洗、童第周、张汇泉等学者在胚胎学的研究与教学中均卓有贡献。朱洗对受精的研究,童第周对卵质与核的关系、胚层间相互作用的研究,张汇泉对畸形学的研究,都开创和推动了我国胚胎学的发展。

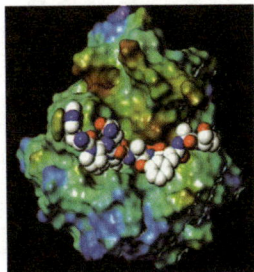

📖 **知识链接**

分子生物学

　　分子生物学是从分子水平上研究生命现象物质基础的学科。研究细胞成分的物理、化学的性质和变化以及这些性质和变化与生命现象的关系,如遗传信息的传递,基因的结构、复制、转录、翻译、表达调控和表达产物的生理功能,以及细胞信号的转导等。

现代经典遗传学的建立

科普档案 ●**生物学名词**:遗传 ●**定义**:经由基因的传递,使后代获得亲代的特征

20世纪初,摩尔根开始用果蝇进行诱发突变的实验,最终得出染色体就是基因的载体这个伟大的结论。基因学说从此诞生,男女性别之谜也终于被揭开,现代经典遗传学理论也建立起来。

大家已经知道摩尔根是现代遗传学之父,那他是怎样建立了他的现代经典遗传学理论呢?

摩尔根大学毕业时,他的同学们有的经商,有的从教,有的办农场,有的去了地质队,而摩尔根对这些工作都不感兴趣,他也还没有想好自己将来的发展方向。最后,他报考了霍普金斯大学研究生院的生物学系。摩尔根走向生物科学的研究之路完全是偶然的。用他自己的话说:自己是因为不知道干什么好,才决定去攻读研究生的。

霍普金斯是一所优秀的大学,侧重于研究生教育,特别是它非常强调基础研究和培养学生的动手实验能力。大学富有特色的教学方法,为摩尔根日后的研究打下了良好的基础,并使他形成了"一切都要经过实验"的信条,他崇信实验结果更胜于权威们的结论。他取得的一系列

□现代遗传学之父摩尔根

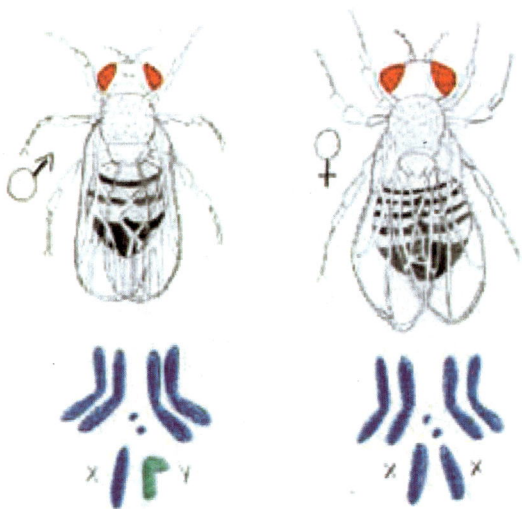

重要研究成果，几乎都是从实验中得来的。所以摩尔根曾经对达尔文的进化论和孟德尔的遗传学说持有怀疑态度，但经过实验的证明，他最终信服了他们的学说，并发展和完善了他们的学说。

在攻读博士研究生期间和获得博士学位后的 10 多年里，摩尔根主要从事实验胚胎学的研究。20 世纪初，孟德尔逝世 16 年后，

□果蝇

他的遗传学说才又被人们重新发现。摩尔根也逐渐将研究方向转到了遗传学领域。摩尔根起初很相信这些定律，因为它们是建立在坚实的实验基础上的。但后来，许多问题使摩尔根越来越怀疑孟德尔的理论，他曾用家鼠与野生老鼠杂交，得到的结果五花八门。但与此同时，他对德弗里斯的突变论却越来越感兴趣，他开始用果蝇进行诱发突变的实验。他的实验室被同事们戏称为"蝇室"，里面除了几张旧桌子外，就是培养了千千万万只果蝇的几千个牛奶罐。

20 世纪初，摩尔根的实验室里产生了一只奇特的雄蝇，它的眼睛不像同胞姊妹那样是红色的，而是白色的。这显然是个突变体，注定会成为科学史上最著名的昆虫。摩尔根极为珍惜这只果蝇，把它当成了宝贝，将它装在瓶子里，睡觉时放在身旁，白天又带回实验室。这只果蝇受到这样好的"待遇"，终于同一只正常的红眼雌蝇交配以后才死去，留下了突变基因，以后繁衍成一个大家系。这个家系的子一代全是红眼的，显然红对白来说，表现为显性，这正符合孟德尔的实验结果，摩尔根信服了孟德尔的理论，然后又继续他的实验。他又使果蝇的子一代交配，结果发现了子二代中的红、白果蝇的比例正好是 3:1，这也是孟德尔的研究结果，于是摩尔根对孟德尔更加佩服了。摩尔根决心沿着这条线索追下去，看看动物到底是怎样遗传的。他

进一步观察，发现子二代的白眼果蝇全是雌性，这说明性状（白）、性别（雌）的因子是连锁在一起的，而细胞分裂时，染色体先由一变二，可见能够遗传性状、性别的基因就在染色体上，它通过细胞分裂一代代地传下去。

染色体就是基因的载体！摩尔根经过实验得出了这个伟大的结论。他还和他的学生推算出了各种基因在染色体上的位置，并画出了果蝇的 4 对染色体上的基因所排列的位置图。

由于摩尔根的努力，基因学说从此诞生，男女性别之谜也终于被揭开，现代经典遗传学理论也建立起来。

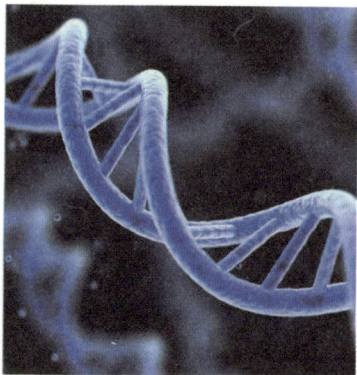

📖 知识链接

基因突变

基因突变是指基因组 DNA 分子发生的突然的、可遗传的变异现象。从分子水平上看，基因突变是指基因在结构上发生碱基对组成或排列顺序的改变。基因虽然十分稳定，能在细胞分裂时精确地复制自己，但这种稳定性是相对的。在一定的条件下基因也可以从原来的存在形式突然改变成另一种新的存在形式，就是在一个位点上，突然出现了一个新基因，代替了原有基因，这个基因叫作突变基因。于是后代的表现中也就突然地出现祖先从未有的新性状。

发酵工程的创立

科普档案 ●**技术名称:**发酵工程 ●**内容:**菌种选育、培养基配制、灭菌、接种、发酵、产品的分离提纯等

发酵工程是指采用工程技术手段，利用微生物的某些功能，为人类生产有用的生物产品，或直接用微生物参与控制某些工业生产过程的一种技术。人们熟知的利用酵母菌发酵制造啤酒，乳酸菌发酵制造酸奶等都是这方面的例子。

所谓发酵工程是指把微生物发酵现象用于生产生活,它是生物学和工程技术相结合的产物。微生物的发酵大约在距今8000年前至公元17世纪这段漫长的历史时期就开始了,那时人们还没有发现微生物的存在。最常见的例子就是发面、天然果酒的酿制、牛乳和乳制品的发酵以及利用霉菌来治疗一些疾病等。其中应用水平最高的是中国人在制曲酿酒方面的伟大创造。

酒的出现一般认为是人类进入农业社会后的自然产物，并非个人的发明。中国酿酒制曲的技术和经验在《齐民要术》和《天工开物》中有详尽的记载。我国人民在距今约8000~4500年间，已发明了制曲酿酒工艺。在2500年前的春秋战国时期，已知如何制酱和醋。在宋代，已采用老的曲子——"曲母"来进行接种，还根据红曲菌有喜酸和喜温的生长习性，利用和控制有益微生物的生

□酿酒车间设备

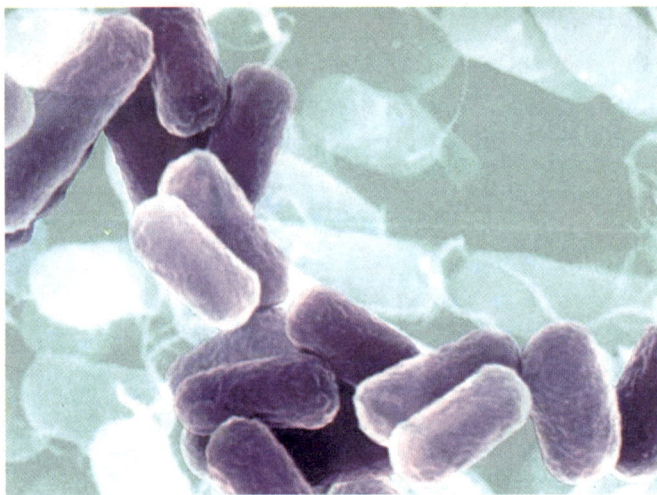
□微生物发酵

命活动,从而提高产量。酵母菌是人类最古老的家养生物之一。在曲、酒和菌种上种类十分多样,如曲种有散曲、小曲、饼曲、草药曲、红曲和干酵等多种,经过精心选择和独特培养后,已选育出以根霉、米曲霉、酵母菌、红曲霉或毛霉为主体的各种曲种。这些都是我们祖先为后人留下的丰富的菌种库。

这以后,国外的科学家们所获得的发酵方面的成就进一步推动了发酵工程的发展。

17世纪中期,列文虎克用自制的显微镜发现了微生物。19世纪中期巴斯德在寻求防止法国葡萄酒变质的方法时,进行了酵母的人工发酵。科赫提出了科赫法则,说明微生物可以分离并纯化,纯化后的微生物与原来的微生物相同。19世纪后期维尔特开发了霉的纯种培养技术,几年后他开发了啤酒酵母的纯种培养技术,使酿造业迈进了近代化的行列。另外,随着迅速发展的社会需要,又开拓了利用发酵工业生产酒精、丙酮等领域。

后来,法国人考表特曾从中国小曲中分离出一株糖化力很高的毛霉——鲁氏毛霉,并使用著名的"阿米露法",利用鲁氏毛霉所产生的糖化酶对淀粉进行糖化以生产酒精。

19世纪末德国人毕希纳用无细胞酵母菌压榨汁中的"酒化酶",对葡萄糖进行发酵获得成功,从而开创了微生物系列生化研究的新时代。另外,把微生物各种潜在能力和新型的培养核技术相结合,又陆续建立了抗生素、氨基酸、核酸等新型工业。20世纪中期,英、美合作研究开发了青霉素的通气搅拌部培养法,开始了青霉素的大批量生产。

科学家们在发现微生物能生产有用物质并研究找到批量生产的技术

之后，又开发了所谓代谢控制发酵技术，使氨基酸、核酸发酵成为今天发酵工业最重要的领域。

从20世纪70年代初开始，生物学基础理论飞速发展，结合现代工程技术，出现了发酵工程，又使微生物工程突飞猛进地发展起来了。在酿酒方面，我国一直沿用混合菌株传统酿造发酵技术，产品具有独特的香型，闻名全球。国外采用真空发酵和减压蒸馏技术，酒精生产能力提高三四十倍。发酵工程越来越进步，可以预期，在21世纪，人类从利用有限的矿物资源的时代过渡到利用无限的可再生的生物资源的时代，微生物工程必将对人类社会的发展做出越来越大的贡献。

发酵工程的发展和完善从各个领域改善了人类的生活，随着科技的进一步发展，它一定会在更多的领域发挥更巨大的作用。

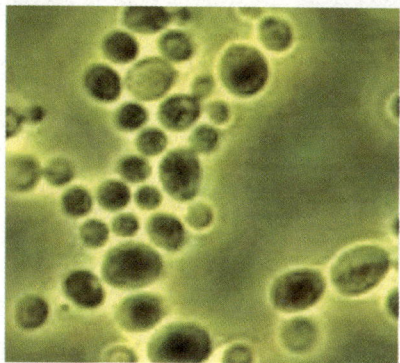

📖 知识链接

酵母菌

酵母菌是一些单细胞真菌，并非系统演化分类的单元。酵母菌是人类文明史中被最早应用的微生物，可在缺氧环境中生存。目前已知有1000多种酵母，根据酵母菌产生孢子(子囊孢子和担孢子)的能力，可将酵母分成两类：形成孢子的株系属于子囊菌和担子菌；不形成孢子，主要通过出芽生殖来繁殖的称为不完全真菌，或者叫"假酵母"(类酵母)。

新陈代谢的研究历程

科普档案 ●**生物学名词**:新陈代谢 ●**类型**:自养型、异养型、兼性营养型 ●**影响因素**:性别、年龄、表皮面积等

　　生命体与环境的物质、能量交换过程，新生与降解的交替，在生物学上就叫作代谢或新陈代谢。新陈代谢是生命的基本特征之一，所有生命活动都是通过新陈代谢过程实现的。

　　地球上的一切生命有机体，无论是自养型的绿色植物和光合细菌，还是异养型的动物，都需要不断地与周围环境进行物质、能量的交换，无时无刻地进行新陈代谢。一方面，它们从环境吸取生命活动所需要的营养物质和能量，在体内经消化后再重新改造、合成自身的成分，称为同化。另一方面，又把生命活动过程中所产生的"废物"特别是将身体中衰老的细胞或其组分降解的产物等排入环境，称为异化。生命体与环境的这种物质、能量交换过程，新生与降解的交替，在生物学上就叫作代谢或新陈代谢。

□自养型的绿色植物

人类对新陈代谢的认识源远流长。我国古籍中关于"代谢"概念的最早记载之一是东汉哲学家桓谭在《新论》一书中的观点：人同草木、禽兽、昆虫一样，"生之有长，长之有老，老之有死，若四时之代谢矣"。然而，桓谭在这里所说的"代谢"指的是一种普遍存在的新旧更替的自然现象，它同生物学上的代谢概念含义是不尽相同的。人类对代谢的科学研究和认识还只是在近代自然科学产生以后的事。

□英国化学家波义耳

最先开展对机体代谢研究的是16~17世纪的医药化学家。瑞典医生巴拉塞尔苏斯试图用化学方法来制备药物和解释生命体内的各种过程，他提出了人体本质上是一个化学系统的观点。他认为，生物体内存在着一种叫作"阿契厄斯"的灵力，它能够把人所摄取的食物区分为有益的东西和无益的东西，并把营养改变为人体组成成分。从严格意义上讲，巴拉塞尔苏斯的这种认识还未触及生命体的物质代谢问题，但他的观点表明人类已开始注意物质在生命有机体内的转化问题。

同一时期，英国化学家波义耳研究了动物的呼吸现象。他的实验证明：动物在一密闭空间中呼吸时，如果该空间中的空气不再维持蜡烛的燃烧，动物就会死亡。波义耳的这个实验第一次把无生命体的燃烧与有生命体的呼吸这两种现象联系了起来，但他本人并没有揭示出这个实验的本质。

到了18世纪，俄罗斯化学家罗蒙诺索夫的观点成为近代生物氧化和能量代谢理论发展的基础。他首次提出了在动物或人体呼吸过程中，氧气被消耗，二氧化碳被排出体外。他还认识到，体内氧化作用产生热能，并赖此热能以维持体温。

与此同时，法国化学家拉瓦锡认为，生命有机体的呼吸归根结底是机体内有机物被空气中的氧所氧化，这是与无机体的燃烧十分相似的缓慢氧化。他还第一次测量了有机体耗氧时所产生的热量,证明了"碳化物无论是在机体内氧化还是在机体外燃烧,其产生的热量是相同的"。这就是拉瓦锡的"生物氧化"即燃烧理论。

到18世纪下半叶的时候,人们对机体代谢的研究达到了这样的认识:生物呼吸是氧化的化学过程,而动物体内的热则是氧化反应所释放的能量。这就沟通了生命界与非生命界化学反应过程之间的联系。

19世纪上半叶,欧洲自然科学的发展促使人们对代谢的研究和认识大踏步前进。19世纪30年代,莫格努斯证明,在血液循环中,氧气是被输送到机体组织中,而二氧化碳则被带回肺,由呼吸系统排出体外。40年代,热力学第一定律发现者之一、德国物理学家赫尔姆霍兹论证了食物是动物取得能量的唯一来源。他还指出,热不仅产生于血液和肺中,而且动物的肌肉组织收缩时也产生热,并消耗氧气。他的这一发现确立了分解代谢发生于机体所有组织中,并为后来的实验所证实。

现在,人们知道新陈代谢是生命的基本特征之一,所有生命活动都是通过新陈代谢过程实现的。据估计,人体在一生中(按60年计算),通过代谢途径与外界环境交换的物质约有60000千克水、10000千克糖、1600千克蛋白质和1000千克脂肪,这些物质总重量约为人体的1300倍,人体中约有1000万亿个细胞,其中,成年人每天约衰老、死亡1%,同时,又新生1%,如此保持着生物的生命活力。代谢对于人体的重要性由此可见一斑。任何生命,一旦代谢停止,死亡就会到来。

📖 知识链接

拉瓦锡

拉瓦锡,法国著名化学家,近代化学的奠基人之一,"燃烧的氧学说"的提出者。拉瓦锡与他人合作制定出化学物种命名原则,创立了化学物种分类新体系。他还根据化学实验的经验,用清晰的语言阐明了质量守恒定律和它在化学中的运用。他所提出的这些新观念、新理论、新思想,为近代化学的发展奠定了重要的基础,因而后人称拉瓦锡为"近代化学之父"。拉瓦锡之于化学,犹如牛顿之于物理学。

DNA 的发现

科普档案 ●生物学名词:DNA ●发现学者:英国科学家沃森和克里克 ●时间:20 世纪 50 年代

20 世纪 50 年代,英国两位年轻科学家——沃森和克里克,在论文中提出了 DNA 分子的双螺旋结构模型。他们的发现揭开了基因遗传之谜,也是近代生物工程兴起的重要基石,是生命科学史上的奇迹和里程碑,具有划时代的意义。

20 世纪 50 年代,英国著名的《自然》杂志上发表了一篇题为《核酸的分子结构》的论文,论文的作者是两位年纪仅为 25 岁和 37 岁的年轻科学家——沃森和克里克。他们在论文中提出了 DNA 分子的双螺旋结构模型。DNA 双螺旋结构的发现是生命科学史上的奇迹和里程碑,具有划时代的意义。它不仅揭开了基因遗传之谜,也是近代生物工程兴起的重要基石。

沃森是美国人,20 世纪 40 年代末毕业于芝加哥大学动物学系,由于他对基因特别感兴趣,于是选择了遗传学作为自己的研究专业,随后获博士学位,又经导师介绍,沃森来到英国剑桥大学卡耳迫什实验室继续深造,正如沃森所言:我是为 DNA 而来的。

就在这里,沃森遇见了他的研究伙伴克里克,这时的克里克正在研究蛋白质的晶体结构。20 世纪 30 年代末,克里克毕业于英国伦敦大学,主修数学和物理,因战争需要,他还曾从事过武器研究。第二次世界大战结束后,他选择生物学作为自己的研究方向,目的是把物理、数学知识渗透于生命科学的研究。因此这两位年轻人可谓志趣相投,一见如故,他们相信只要搞清 DNA 的分子结构就能揭开基因遗传的奥秘。

1951 年 11 月,沃森和克里克开始进行 DNA 空间结构的研究。当时人们已知 DNA 由核苷酸组成,美国细菌学家艾佛里已完成细菌转化实验,初步证实 DNA 是遗传物质。世界上已有几个实验室正在角逐看谁先发现

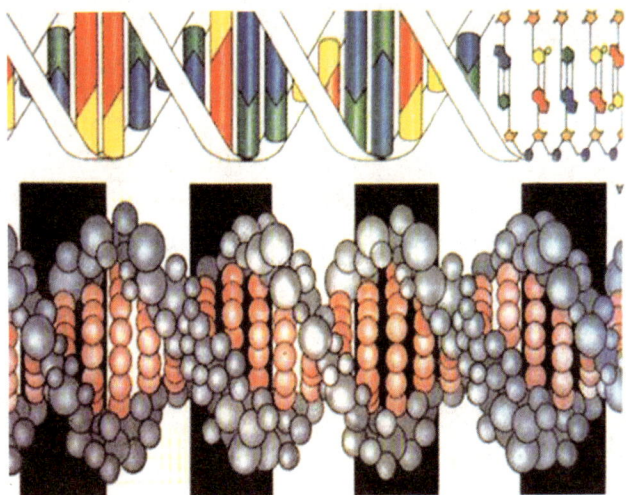
□DNA空间结构

DNA 结构。例如,英国皇家学院的物理学家威尔金斯和弗兰克琳,美国加州理工学院的化学家鲍林,他们虽然都不是生物学家,但是在 DNA 结构的研究方面都取得了一些进展。X 射线晶体衍射分析是威尔金斯领导小组的主要研究方法,并用此法获得了 DNA 衍射照片;弗兰克琳分析这些照片,她根据图中的阴影和标记部分推测 DNA 可能是一个螺旋体。

纯化的 DNA 是一种像鸡蛋清一样的黏稠的液体,但是一加热,DNA 溶液的黏度就会下降,这是为什么呢? 沃森和克里克经过研究,注意到这是由于 DNA 分子中一些弱的化学键被破坏的结果,而氢键就是一种通过适度加热可以被破坏的弱键,所以他们猜测 DNA 分子中可能会存在许多氢键,这些氢键对维持 DNA 的正常结构是十分必要的。

鲍林小姐发现多肽链是通过氢键扭成螺旋的,沃森和克里克特别注意到鲍林成功的关键不仅仅是研究 X 射线衍射图谱,更重要的是用一组模型来探讨分子中各原子间的联系。这启发了两位年轻人用剪裁的硬纸板和金属片构建 DNA 分子模型。他们首先制作单个核苷酸的模型,并计算原子大小、键长和键角等。因为至少有十几种方式可以让碱基、磷酸和糖环连接在一起,他们就建了拆,拆了建,不断尝试。这种工作实在是乏味,甚至让人产生中断研究的念头。幸运的是沃森对生物结构的独到见解加上克里克的物理数学知识,使他们从 X 射线衍射图上测量到 DNA 的两个周期性数据:0.34nm(纳米)和 3.4nm。沃森和克里克推测 0.34nm 可能是核苷酸的堆积距离,他们试探着在模型上把分子排成长 3.4nm、直径 2.0nm 的螺旋体。然而 DNA 双螺旋结构的发现道路是坎坷的,他们从事这项工作不久,提出了

DNA 三螺旋结构,但因与 X 射线衍射照片的分析数据不合而失败了。成功的路上免不了失败,他们并没有因此丧失继续下去的信心和勇气,他们依旧不断地尝试和摸索。

他们的努力和辛苦终究没有白费,奇迹终于出现了! 当他们突然从模型上看到腺嘌呤(A)与胸腺嘧啶(T)相对,鸟粪嘌呤(G)与胞嘧啶(C)相对时,激动的心情难以言表,这正是查戈夫法则(现称碱基互补配对原则),碱基对堆积在双链内侧,它们的排列方式就像梯子上的横木,糖环和磷酸基排列在外侧。他们的结论是,DNA 分子不是三螺旋,而是由两条长链盘绕而成的双螺旋,双螺旋的螺距是 3.4nm,直径为 2nm,每个螺距包含 10 对碱基,相邻两碱基对之间的距离为 0.34nm,而碱基对排列顺序的千变万化决定了 DNA 分子结构的多样性。

沃森和克里克如此重大的发现只用了一年多的时间,他们在《核酸的分子结构》一文中坦率地写道:我们主要是依靠别人已经发表的实验数据构建这个模型的。由于在研究 DNA 分子结构方面的伟大贡献,沃森、克里克和威尔金斯、弗兰克琳共同获得了 20 世纪 60 年代初的诺贝尔生理学或医学奖。

知识链接

遗传基因

遗传基因,也称遗传因子,是指携带有遗传信息的 DNA 或 RNA(核糖核酸)序列,是控制性状的基本遗传单位。基因通过指导蛋白质的合成来表达自己所携带的遗传信息,从而控制生物个体的性状表现。基因有两个特点,一是能忠实地复制自己,以保持生物的基本特征;二是基因能够"突变",突变绝大多数会导致疾病,另外的一小部分是非致病突变。

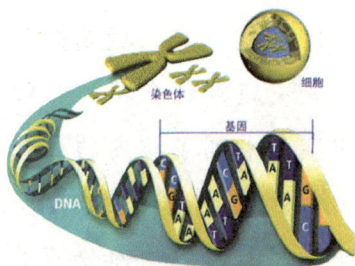

生命之舟染色体

科普档案 ●生物学名词：染色体　●发现学者：德国生物学家弗莱明　●命名时间：1888 年

19 世纪中期，德国生物学家弗莱明发现，细胞核内分布着一些能够被染料染色的丝状物，这就是染色体。后来，人们意识到生物体内生殖细胞的减数分裂与体细胞的有丝分裂都离不开染色体，就把染色体比作生命之舟。

　　细胞是生命的基质，生命的全部奥秘都集中在细胞之中。如果把细胞比喻成一个小房间，那么染色体就是能开启这间房间的钥匙，它同时也被称为生命的载体。

　　染色体的发现经历了复杂的过程。

　　早期的科学家们发现，如果人为地将一个单细胞生物分成两半，使其中一半含有完整的细胞核，另一半不含细胞核，那么，有核的一半就能够分裂、生长，另一半则趋于死亡。于是，科学家们把视线聚焦到了细胞的内核上。科学家们还发现，某些染料可以将细胞核染色，可以使细胞核在整个细胞中变得更加清晰，便于观察。

　　19 世纪中期，德国植物学家霍夫迈斯特在花粉母细胞中隐约看到了核内的丝状物。几年后，德国生物学家弗莱明发现，细胞核内分布着

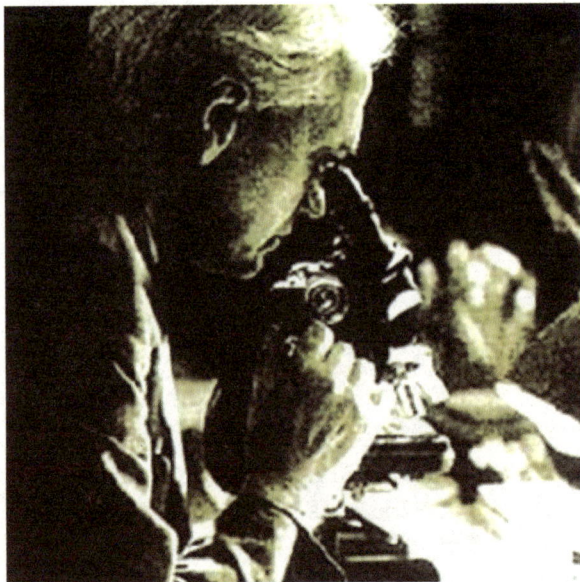
□德国生物学家弗莱明

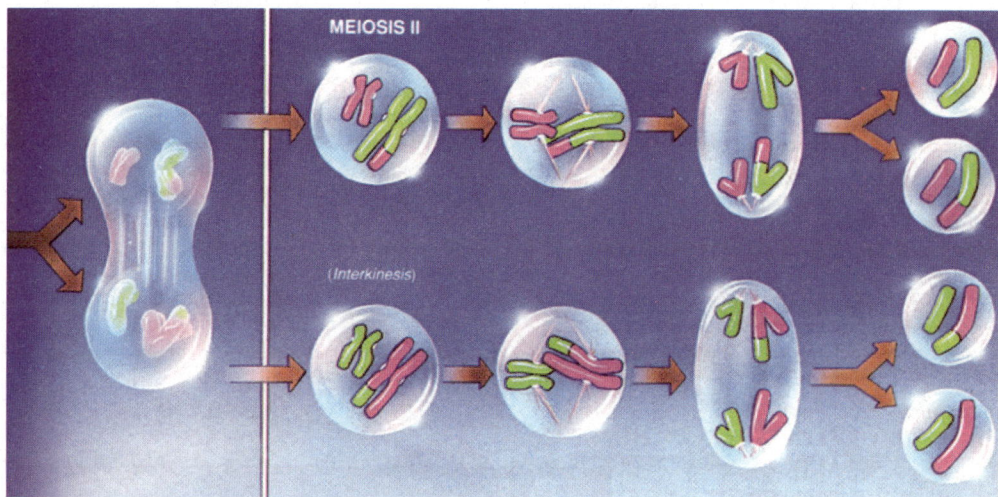

MEIOSIS II

(Interkinesis)

□细胞的分裂

一些丝状物,由于这些丝状物能够被染料染色,于是,弗莱明把这些丝状物称为"染色质",后来被德国解剖学家瓦尔德尔改称为"染色体"。弗莱明在他的一本描述细胞分裂过程的著作中,把整个细胞的分裂过程称为"有丝分裂",他确信染色质在其中起着至关重要的作用。后来,科学家们发现,同一物种内的生物,细胞内都含有同样数目的染色体,细胞中的染色体是成对存在的。在有丝分裂过程中,染色体的数目先加倍,然后细胞再一分为二,加倍的染色体再平均分配给子细胞,因此,分裂后的两个子细胞各含有与原母细胞相同数目的染色体。20世纪50年代末,科学家们研究发现,人类染色体共有46条、23对,有一半来自父亲,另一半来自母亲。

细胞的分裂方式有两种,一种是上述简单的有丝分裂,另一种是更为复杂的减数分裂。减数分裂也称作"成熟分裂",是指在性成熟的生殖细胞中,性母细胞经过两次连续分裂(染色体在整个分裂过程中只复制一次),形成的4个子细胞中的染色体数目减少到原来细胞的一半。减数分裂形成的细胞中,只有一套(组)染色体,这种细胞也叫作单倍体细胞,常见的如生物体内的精子与卵子。当精子与卵子受精形成一个细胞后,受精卵(或合子)中的染色体就变成了两套(组),由此出现了一个新生命的开始。显而易见,减数分裂及精卵结合是保证生命体世代交替和种类稳定的重要环节。

当人们认识到生物体内生殖细胞的减数分裂与体细胞的有丝分裂同

样离不开染色体时,把染色体比作生命之舟并不夸张。因为体细胞的有丝分裂导致生命体的成长壮大,而生殖细胞的减数分裂则导致了生命体的世代延续,生生不息。

20世纪初,德国生物学家亨金用切片法研究半翅目昆虫的减数分裂时,发现一条在性母细胞减数分裂的后期,在向细胞一极移动时处于落后状态的染色体。亨金给它起了个名字叫"X染色体",表示这是一条连他也没弄清楚的染色体。直到20世纪初,丹麦人威尔逊发现了在半翅目和直翅目的许多昆虫中,雌性个体的细胞中具有两套普通的染色体,称作"常染色体",另外还有两条X染色体,而雄性个体的细胞中也有两套常染色体,但是只有一条X染色体。

威尔逊激动地得出了结论:动物的雌、雄性别可以根据细胞中X染色体的多少加以区别,X染色体因而也被他称为性染色体。可是威尔逊却忽视了雄性个体的X染色体身边还有一条不露声色的同伴——"Y染色体",这种染色体呈钩形,比X染色体短小。这条被威尔逊忽视的Y染色体3年后被生物学家史蒂芬斯发现。终于,染色体和性别之间的秘密也被揭开。

📖 **知识链接**

半翅目

半翅目,也叫异翅目,是昆虫纲的一个较大的目。此类昆虫俗称蝽或椿象,由于很多种能分泌挥发性臭液,因而又叫放屁虫、臭虫、臭板虫。半翅目呈世界性分布,以热带、亚热带种类最为丰富。全世界已知约38000种,在中国有3100多种。大多数为植食性,为害农作物、果树、林木或杂草,刺吸其茎叶或果实的汁液,对农业能造成一定程度的危害。

生命的密码箱基因

科普档案 ●生物学名词：基因 ●作用：记录和传递遗传信息 ●特性：稳定性、决定性状发育、可变性

DNA 一般只存在细胞核中，而 RNA 除了细胞核，还分布在细胞质中。它们被证明为携带遗传秘密的基因物质，这些基因物质内贮存了生命的所有密码。一旦开启基因这个永恒的生命密码箱，那么，生命的全部奥秘都将显露无遗。

说到基因的来历就要从孟德尔的那篇论文开始。孟德尔的论文指出，生物体表现出来的高矮、胖瘦、大小、颜色等性状只是人们能够感觉到的表面现象，而这些现象的反复出现一定有着某种内在的原因。孟德尔把这种决定性状的内在原因称为"遗传因子"，这是孟德尔学说的核心概念。

孟德尔和他的学说在 20 世纪初掀起了一个宏大的科学热潮，遗传学迅速成为当时生物学家们的研究热点。丹麦植物学家和遗传学家约翰逊提出，"遗传因子"使用起来很不方便，而"基因"代替"遗传因子"更能反映出事物的本质，说起来也朗朗上口。此后，人们便习惯于将决定和控制生物遗传和变异内在的某种细微因子称为"基因"。但是，基因究竟是什么东西？当时谁也没有亲眼见到过。

20 世纪初，美国哥伦比亚大学生物学研究生沃·萨顿发现，染色体显然不是基因，但是染色体与基因有许多相似之处，比如在受精时来自父方的一个基因与来自母方的一个基因合在一起恢复成双，而来自父方的一条染色体与来自母方的一条染色体也是合到一起恢复成双。这种比较研究的结果令萨顿极为振奋，因为他已经意识到，基因很可能就在染色体上。据此，萨顿提出了一个假说：染色体是基因的载体。他的假说很快被各项实验所证实。

几年后，美国哥伦比亚大学生物系的生物胚胎学家摩尔根开始沿着校

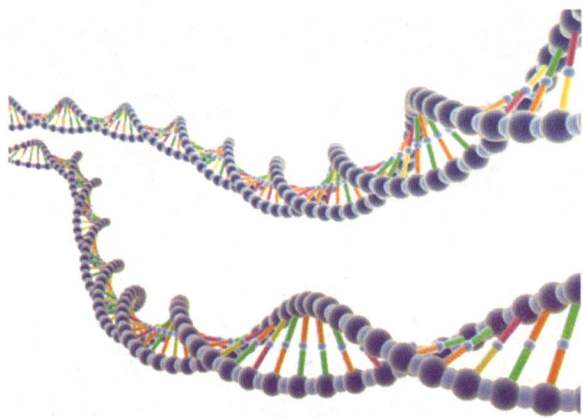
□DNA

友萨顿的思路在果蝇身上寻找基因。摩尔根发现，生物遗传基因的确在生殖细胞的染色体上，而且基因在每条染色体内是呈直线排列的。染色体可以自由组合，但排在一条染色体上的基因是不能够自由组合的。基因总是跟随着染色体——这种特点被摩尔根称为基因的"连锁"，即染色体好比是链条，基因好比构成链条的链环，链环跟着链条跑。可是，这种由链环连接而成的链条偶尔也有丢掉一个链环再补上的情形。多年以后，摩尔根和他的弟子们建立了相当系统的基因遗传学说，揭示了基因是组成染色体的遗传单位，它能控制遗传性状的发育，也是突变、重组、交换的基本单位。摩尔根本人也因此获得了1933年诺贝尔生理学或医学奖。

但是，人们对于基因是否实际存在并非像摩尔根那样充满信心。事实上，基因学说一问世，不少人就认为，基因不过是以某种特定的形式排列在染色体上的位点，它并不实际存在。

人类最终解开基因之谜则要归功于一条米歇尔从外科诊所的废物箱中捡来的带血的绷带。19世纪60年代，年轻的化学家米歇尔在一条满是浓血的绷带上找到了记录遗传信息的"无字天书"——核酸。浓血主要由白细胞和人体细胞组成，米歇尔用硫酸钠稀溶液冲洗绷带，使细胞保持完好并与脓液中的其他成分分开，得到了很多白细胞。然后，他又用酸溶解了包围在白细胞外的大部分物质而得到了细胞核，再用稀碱处理细胞核，又得到了一种含磷量很高的未知物质。米歇尔把它定名为"核素"。不久，米歇尔的德国导师塞勒也从酵母菌中提取出了核素。由于在细胞核中找到的那种含磷量很高的"核素"具有很强的酸性，因此，"核素"后来被"核酸"所取代，并被科学界广泛采纳。

20世纪初,美国生物化学家欧文发现核酸中的碳水化合物是由5个碳原子组成的核糖分子;到了30年代,他又发现米歇尔在绷带上所发现的"胸腺核酸"中的糖分子仅仅比塞勒从酵母菌中发现的"酵母核酸"中的糖分子少一个氧原子,因此把这种糖分子称为"脱氧核糖"。此后,这两种核酸分别被命名为"核糖核酸"(RNA)与"脱氧核糖核酸"(DNA)。几年后,欧文把以上两种核酸分解为含有一个嘌呤、一个糖分子和一个磷酸分子的许多片段,并把这种片段叫作"核苷酸"。欧文认为,核酸是由核苷酸连接而成的,核苷酸可分成4种。在DNA中,4种核苷酸是:腺嘌呤(A)、鸟嘌呤(G)、胞嘧啶(C)和胸腺嘧啶(T)核苷酸。在RNA中分为:腺嘌呤(A)、鸟嘌呤(G)、胞嘧啶(C)和尿嘧啶(U)核苷酸。

DNA一般只存在细胞核中,而RNA除了细胞核,还分布在细胞质中。后来,它们被证明为携带遗传秘密的基因物质,这些基因物质内贮存了生命的所有密码。一旦开启基因这个永恒的生命密码箱,那么,生命的全部奥秘都将尽显无遗,而生命的归宿也必将命中注定。这是一位名叫道金斯的美国科学家的观点,他坚定不移地认为,生命在本质上应该被视作是基因的载体。

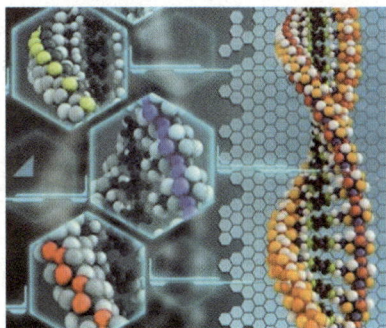

📖**知识链接**

核 酸

核酸是由许多核苷酸聚合成的生物大分子化合物,为生命的最基本物质之一。核酸广泛存在于所有动植物细胞、微生物体内,生物体内的核酸常与蛋白质结合形成核蛋白。不同的核酸,其化学组成、核苷酸排列顺序等不同。根据化学组成不同,核酸可分为核糖核酸(简称RNA)和脱氧核糖核酸(简称DNA)。

解剖学研究历程

科普档案　●**学科名称**:解剖学●**分类**:动物解剖学、植物解剖学●**主要分支**:比较解剖学、组织学、人体解剖学

在哈维发现血液循环的激励下，解剖学的研究在 17 世纪下半期取得重要进展。18 世纪继续保持良好势头，许多解剖学专著问世。就这样，科学家们通过自己的不懈努力推动着解剖学不断向前发展。

在哈维发现血液循环的激励下，解剖学的研究在 17 世纪下半期取得重要进展。18 世纪继续保持良好势头，许多解剖学专著问世。黑尔斯在 18 世纪 20 年代后期撰著时，正确地指出"在不到一个世纪的时间里，对动物机构那惊人优美的结构和本质已做出了一些十分重大而又有用的发现"。

首先是贝隆在 16 世纪已经初步开创了比较解剖学研究，他在《鸟的历史》中，用两页纸绘印了一具鸟骨骼和一具人骨骼的图，用相同参照字母标记这两具骨骼的相应的骨。以解剖学家著称的帕多瓦学派也对比较解剖学做出了一些早期的贡献。

解剖学家佩特吕斯·卡姆佩研究了无尾猿的生活史和解剖学，尤其注意那些与人相似的无尾猿，比较了人和它们的结构。他从这些研究得出结论:就猩猩不能直立行走、不能说话而言，猩猩和人之间有巨大的鸿沟。卡姆佩对比较解剖学的其他贡献，包括他对鱼、鲸和爬行动物的研究，尤其注意它们听觉器官的结构，以及他

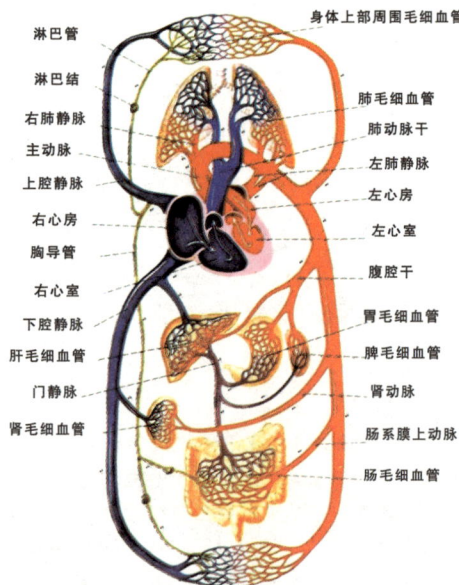

淋巴管
淋巴结
右肺静脉
主动脉
上腔静脉
右心房
胸导管
右心室
下腔静脉
肝毛细血管
门静脉
肾毛细血管

身体上部周围毛细血管
肺毛细血管
肺动脉干
左肺静脉
左心房
左心室
腹腔干
胃毛细血管
脾毛细血管
肾动脉
肠系膜上动脉
肠毛细血管

□哈维发现血液循环

对鸟骨结构的研究。在后一项研究上，他首次表明，鸟骨中包含的空气有助于它们飞翔。

从事比较解剖学研究的约翰·亨特对动物的比较研究有着浓厚兴趣，他解剖了大约500种不同动物，积累了丰富的标本收藏，这些标本用来展示动物各种器官的生物学意义。

解剖学家彼得·西蒙·帕拉斯在他最重要的著作《哺乳动物的新的啮齿动物种》中详细说明了他在俄罗斯发现的许多啮齿动物新种的解剖学和形态学。帕拉斯直接进行的比较研究不多，但是，他对一整套脊椎动物各个种类的解剖结构的详细描述，却对一门健全的比较解剖学的奠基做出了极其宝贵的贡献。

还有一位以比较解剖学研究闻名的医生是维克·达齐尔。在解剖学研究中，他高度重视动物各部分间的相互联系，而不是孤立地分别研究它们，以及适当强调对动物各部分作比较研究，而不是单一地研究。他最重要的研究是关于脑，在已发表的结论中，他对脑做了到那时为止最详尽、最可靠的论述。他计划撰写一部巨著《解剖学和生理学论》，但到他去世的那一年（1794年），只出版了第一部分。

就某些方面而言，可以说，18世纪进行的比较解剖学研究的整个工作在乔治·居维叶的著作中达到顶峰。虽然他对比较解剖学的第一个重要贡献（即关于化石象及其同现存象关系的研究）是在18世纪末发表的，但他的主要工作及其在生物界引起的反响，实际上属于19世纪。

就这样，众多科学家们通过自己的不懈努力推动着解剖学不断向前发展。

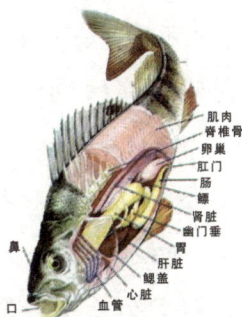

肌肉
脊椎骨
卵巢
肛门
肠
鳔
肾脏
幽门垂
胃
肝脏
心脏
鳃盖
血管
鼻
口

📖 知识链接

比较解剖学

比较解剖学是用解剖的方法研究比较脊椎动物的鱼纲、两栖纲、爬行纲、鸟纲和哺乳纲及其类群的器官、系统的形态和结构的一门学科。在研究过程中，根据古脊椎动物的化石找到器官的同功或同源的依据，从而阐明脊椎动物各类别间的系统演化关系，为生物进化理论提供证据。

线粒体的发现

科普档案 ●生物学名词:线粒体 ●发现时间:1850年 ●命名时间:1898年 ●组成:水、蛋白质和脂质等

细胞必须有能量的供给才会有活性,线粒体就是细胞中制造能量的器官。一个细胞内含有线粒体的数目可以从十几个到数百个不等,越活跃的细胞含有的线粒体数目越多。

线粒体在细胞生物学中是存在于大多数真核生物(包括植物、动物、真菌和原生生物)细胞中的细胞器。一些细胞,如原生生物锥体虫中,只有一个大的线粒体,但通常一个细胞中有成百上千个。细胞中线粒体的具体数目取决于细胞的代谢水平,代谢活动越旺盛,线粒体越多。线粒体可占到细胞质体积的25%。

线粒体的分布是不均匀的,有时线粒体聚集在细胞质的边缘。通俗地讲:细胞必须有能量的供给才会有活性,线粒体就是细胞中制造能量的器官,科学界也给线粒体起了一个别名叫作"细胞的发电厂"。一个细胞内含有线粒体的数目可以从十几个到数百个不等,越活跃的细胞含有的线粒体数目越多,如时刻跳动的心脏细胞和经常思考问题的大脑细胞含有线粒体的数目最多,皮肤细胞含有线粒体的数目比较少。科学家发现农民皮肤细胞的线粒体因常年在室外劳动受到损伤的程度远远高于其他室内职业者,线粒体受到损伤,细胞就会因缺乏能量而死亡。我们的面部常年暴露在外,时时刻刻都在经受风吹雨打和各种污染颗粒的侵袭,因此面部细胞经常是因为过度的磨难而早夭。

线粒体是细胞内微小的细胞器,以ATP(腺嘌呤核苷三磷酸)的形式生产我们几乎所有的能量。平均每个细胞里有300~400个线粒体,整个人体里有1亿亿个。本质上所有的复杂细胞里都有线粒体。线粒体看上去像细

菌，这外观并非伪装：它们从前是自由生活的细菌，后来大约在20亿年前适应了寄生在大细胞里的生活。它们还保留了基因组的一个碎片，作为曾经独立存在的印记。它们与宿主细胞之间纠结的关系织成了生命所有的经纬，从能量、

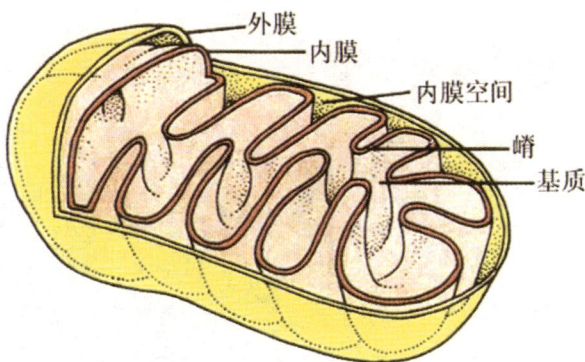
□线粒体结构图

外膜
内膜
内膜空间
嵴
基质

性和繁殖，到细胞自杀、衰老和死亡。一个细胞内部有几百或几千个线粒体，它们利用氧来燃烧食物。线粒体是如此微小，以至于一粒沙里可以轻易地容纳10亿个。线粒体的进化给生命装上了涡轮发动机，蓄势待发，随时可以启动。所有动物体内都有线粒体，包括最懒惰的在内。连不能移动的植物和藻类也要利用线粒体，在光合作用中放大太阳能那无声的轰鸣。

有些人更熟悉"线粒体夏娃"这个词，按照推测，她是所有当代人的共同祖先——如果我们沿母系血统追踪遗传特征，从女儿到母亲再到外祖母，直至上溯到远古的迷雾中。线粒体夏娃是所有母亲的母亲，她被认为大约生活在17万年前的非洲，又称"非洲夏娃"。我们之所以能通过这样的方式追踪遗传上的祖先，是因为所有线粒体都保有小小的一份自己的基因，这些基因仅通过卵子传递给下一代，不通过精子传递。这意味着，线粒体基因起着母系姓氏的作用，使我们可以沿母系血统追溯祖先。近来，这其中的某些观念受到挑战，但大体上的理论仍然成立。当然，这项技术不仅可以使我们知道谁是我们的祖先，也可帮助澄清谁不是我们的祖先。根据线粒体分析，尼安德特人并未与现代智人杂交，而是在欧洲的边缘被排挤到灭绝。

线粒体还因为它们在法医学上的运用而成为新闻热点。通过线粒体分析可以确定人或尸体的真实身份，有几个著名的案子运用了这一点。末代沙皇尼古拉二世的身份，就是通过将其线粒体与亲属的进行比较而得到确认。第一次世界大战末期，一个17岁女孩从柏林的一条河里被救起，她自称是沙皇失踪的女儿安娜斯塔西娅，随后她被送往一家精神病院接受治

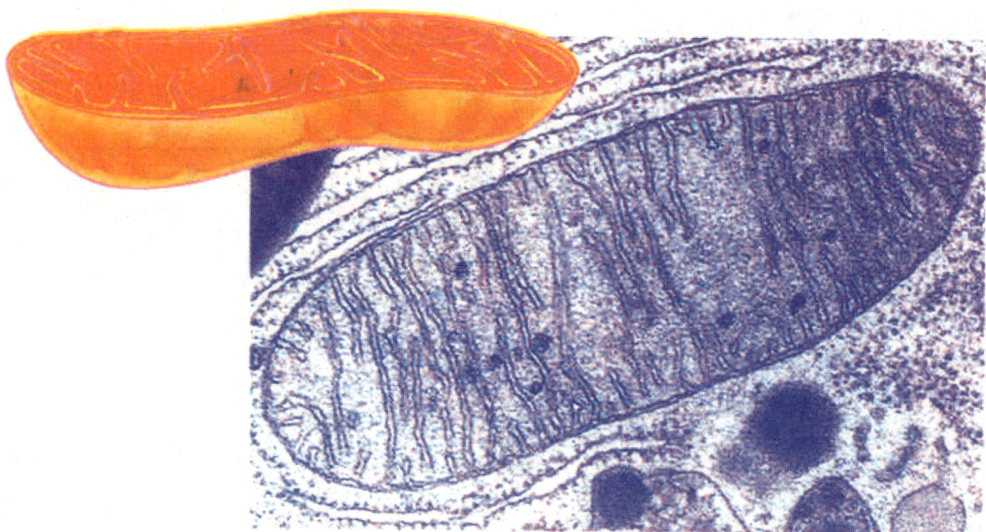
□线粒体

疗。经过 70 年的纷争,她的说法终于在她于 1984 年去世后被线粒体分析否认。更近一些的事例是,美国世贸中心劫后那些无法辨认的遇难者遗骸是由线粒体基因识别的。将"正版"萨达姆·侯赛因与他的众多替身之一区分开来,也是靠这种技术。线粒体基因之所以如此有用,部分是因为它们大量存在。每个线粒体含有 5~10 份基因副本,一个细胞里通常有数以百计的线粒体,也就有成千上万份同样的基因,而细胞核里的基因只有 2 份副本存在。因此,完全无法提取任何线粒体基因的情况是很少见的。基于我们与母亲和母系亲属拥有相同线粒体基因的事实,通常就可以确认或否定设想中的亲属关系。

　　线粒体在形态、染色反应、化学组成、物理性质、活动状态、遗传体系等方面,都很像细菌,所以人们推测线粒体起源于内共生。按照这种观点,需氧细菌被原始真核细胞吞噬以后,有可能在长期互利共生中演化形成了现在的线粒体。在进化过程中好氧细菌逐步丧失了独立性,并将大量遗传信息转移到了宿主细胞中,形成了线粒体的半自主性。线粒体是直接利用氧气制造能量的部位,90%以上吸入体内的氧气被线粒体消耗掉。线粒体利用氧分子的同时也不断受到氧毒性的伤害,线粒体损伤超过一定限度,细胞就会衰老死亡。生物体总是不断有新的细胞取代衰老的细胞以维持生命的延续,这就是细胞的新陈代谢。保持线粒体完好无损就是保持了细胞的活力,拥有健康的肌肤细胞就是留住了青春。这个道理只有细细地品味,才能从中受益。皮肤细胞的新陈代谢就是自然的皮肤更新过程,新陈代谢旺盛细胞更新速率就快,总有一些新生的细胞出现在脸上,才有美丽青春的魅力。

这些特性导致了内共生学说——线粒体起源于内共生体。这种被广泛接受的学说认为,原先独立生活的细菌在真核生物的共同祖先中繁殖,形成今天的线粒体。这种说法还被应用于科幻小说当中,其中小说《寄生前夜》说的是:在亿万年间,生物都在不停地进化。在生物的体内,直接提供能量的线粒体进化速率快于生物本身,以致现在线粒体已经有了意识,并且拥有强大的力量,甚至可以幻化出人形。于是在某个时刻,线粒体终于爆发了,它们要消灭人类,主宰这个世界。事实上,在科幻领域中,线粒体是十分广泛而流行的题材,不仅小说,在电视剧集《太空堡垒——卡拉狄加》中,人形赛昂人的基因最终进入人类的细胞,成为线粒体。片中那个"关系着人类与人形赛昂人生死存亡"的混血小女孩赫拉,正是生活在 15 万年前的,当今人类的"线粒体夏娃"。

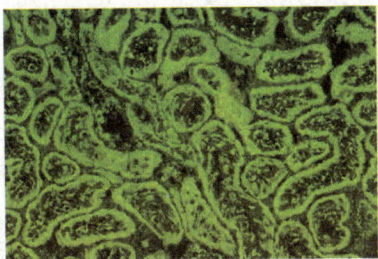

🔖知识链接

线粒体

线粒体是 1850 年发现,1898 年命名的。有两层膜,外膜平滑,内膜向内折叠形成嵴,两层膜之间有腔,线粒体中央是基质。线粒体是细胞内氧化磷酸化和形成 ATP 的主要场所,有细胞"动力工厂"之称。

条件反射的发现

科普档案 ●生物学概念:条件反射 ●发现学者:俄罗斯生理学家巴甫洛夫 ●时间:19世纪末期

俄罗斯生理学家巴甫洛夫是最早提出经典性条件反射的人。他注意到狗在嚼吃食物时分泌大量的唾液,唾液分泌是一种本能的反射,而较老的狗一看到食物就淌口水,也就是说,单是视觉就可以使狗产生分泌唾液的反应。

很多人一定曾经在马戏团里或电视上见过那些训练有素的动物们,或是也曾经训练过自己的宠物。那么那些听话的动物们真的有那么聪明,能听得懂人类的语言或是能洞悉人类的想法吗?其实它们的大脑并没有那么高级,他们的一切"听话"的反应不过是在条件反射的支配下进行的。

从下面巴甫洛夫所做的实验中我们可以具体地了解条件反射的原理和它是怎样被发现的。

最初,巴甫洛夫仅仅是一位实验生理学家,他一直从事和专注于对消化系统的研究,发现条件反射是在一个偶然的事件中开始的。19世纪末的一天,巴甫洛夫在研究胃反射的时候,注意到了一个奇怪的现象:没有给狗喂食的时候,狗也会分泌胃液和唾液。比如,在正式喂食前,如果狗看见喂养者或者听见喂养者的声音,就会分泌唾液。巴甫洛夫认为,一定

□俄罗斯生理学家巴甫洛夫

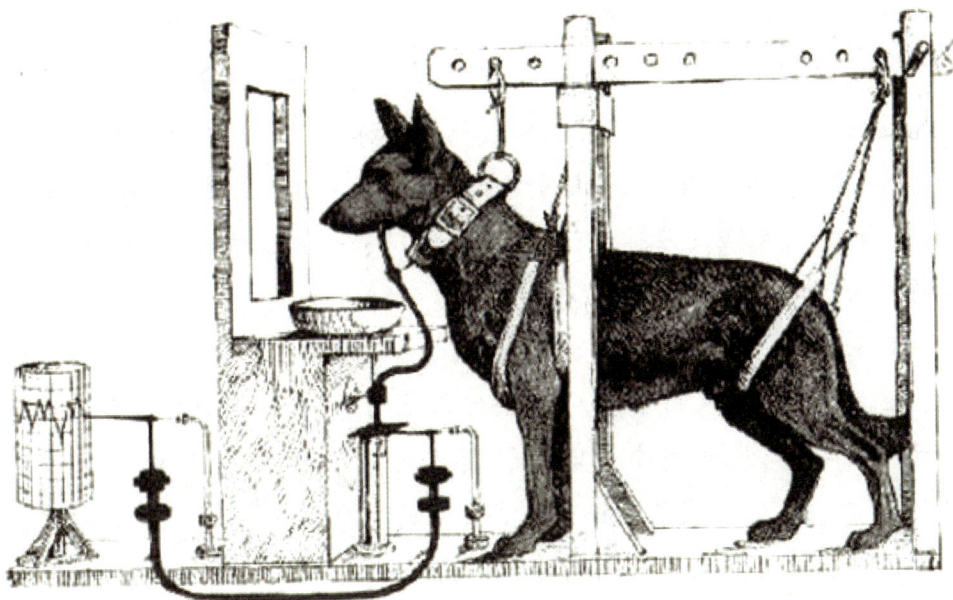
□巴甫洛夫条件反射装置

有什么原因来解释在没有食物的情况下狗也会分泌唾液这一现象。他想到了一个最为明显的解释：狗看见或听见了喂养者的样子或声音，受到了"刺激"，于是"意识到"自己马上就可以吃到食物了，这个念头使狗分泌唾液。

然而，巴甫洛夫一直很严谨，不愿轻易地采用这种主观的猜想。巴甫洛夫反对心理学，于是以生理学家的眼光提出了自己的解释，他认为，这完全是个生理学现象：狗是由于看见或听见刺激——经常喂食的人，而在大脑里面产生一种反射，这种反射引起了"精神性分泌"。巴甫洛夫继续思考，这些跟唾液和胃液并没有直接关系的刺激，是在什么时候以什么方式引起分泌唾液的反应的呢？对于这个问题，巴甫洛夫还不清楚。于是，在20世纪初，他开始对这一现象进行研究，而且一研究就花费了他整个后半生的时间。

巴甫洛夫想到，狗听见喂食者的声音或看见喂食者的形象，这两种刺激很显然都与分泌唾液这种反射行为没有直接的联系，它们又是如何引起这一反射行为的呢？为了解开这一疑题，巴甫洛夫设计了一个中性刺激参与到他的实验中。在给狗喂食之前先呈现一个中性刺激——铃声，铃声结束以后，过几秒钟再向喂食桶中倒食，观察狗的反应。刚开始，狗听到铃声只会出现一般的反射——竖起耳朵来，并不会出现唾液反射。但是，如果每次喂食之前都出现铃声的话，以后仅仅出现铃声狗就会分泌唾液。巴甫洛夫把这种反射行为称为"条件反射"，把铃声称为分泌唾液这一反射行为的"条件刺激"；而把食物一到狗的嘴里，唾液就开始溢出这种简单的不需要任何培训的纯生理反应称为"非条件反射"，将引起这种反应的刺激物——食物称为"非条件刺激"。

后来，巴甫洛夫和他的助手们变换了各种形式来验证"条件反射"的存在。他们变换了中性刺激，在喂食前使灯光闪动，或者在狗可以看见的地方转动一个物体，或者某个可以碰触到狗的物体，或者拉动狗圈上的某个部位。总之，他们尝试了各种可以被狗感受到的中性刺激，甚至还尝试了改变中性刺激与喂食之间的间隔时间，实验的结果都证明条件反射的确是存在的。

知识链接

巴甫洛夫

巴甫洛夫·伊凡·彼德罗维奇（1849年9月26日——1936年2月27日），俄罗斯生理学家、心理学家、医师、高级神经活动学说的创始人，高级神经活动生理学的奠基人。条件反射理论的建构者，也是传统心理学领域之外对心理学发展影响最大的人物之一，曾荣获诺贝尔奖。代表作品有《消化腺机能讲义》《大脑两半球机能讲义》等。

消化与选择吸收

科普档案 ●生物学概念:消化 ●消化系统:消化管(口腔、咽、胃、小肠等)消化腺、(唾液腺、胃腺、胰腺和肝脏等)

现代生理学对主动吸收研究最充分的是关于细胞膜对钠、钾离子的转运，营养物质就是通过这种方式被吸收进入细胞，然后参与体内的各种生化反应，成为糖类、脂肪、蛋白质再合成的原料，最后转变成机体自身的组分。

众所周知,植物是通过光合作用来合成自身需要的有机物质和能量维持生命的。但动物没有叶绿体,它不能像绿色植物那样利用光能和无机物质合成自身需要的有机物质和能量，而只能摄入现成的有机物质和能量。就像人类,如果不吃饭就无法维持生命。

动物摄入的食物,有一部分可以被直接利用,如水、维生素和无机盐。还有一部分,像糖类、蛋白质、脂肪等构造复杂的大分子有机物被摄入体内后,一般不能直接被利用,而必须经过一番加工、改造,然后才能为组织细胞所利用。简单地说,就是机体要把构造复杂的大分子变成构造简单的小分子,把不溶的物质变为可溶的物质,把不能渗透的物质变为可渗透的物质。这就是生理学上所说的消化作用。

科学家们早在17世纪就对动物的消化问题开始了研究。荷兰生理学家冯·赫尔蒙特和一些医学化学家把消化解释为一种发酵过程,而医学

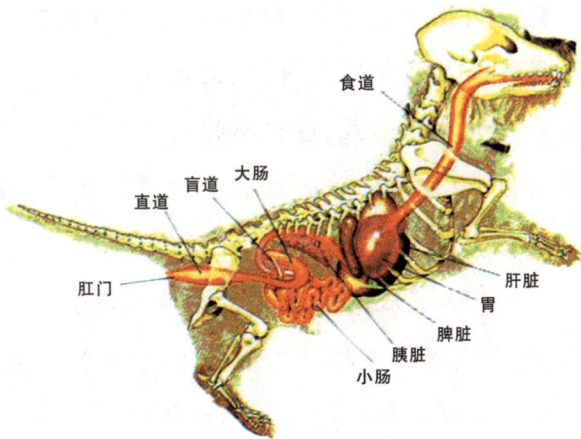

食道

直道　盲道　大肠

肛门

肝脏

胃

脾脏

胰脏

小肠

□动物的消化系统

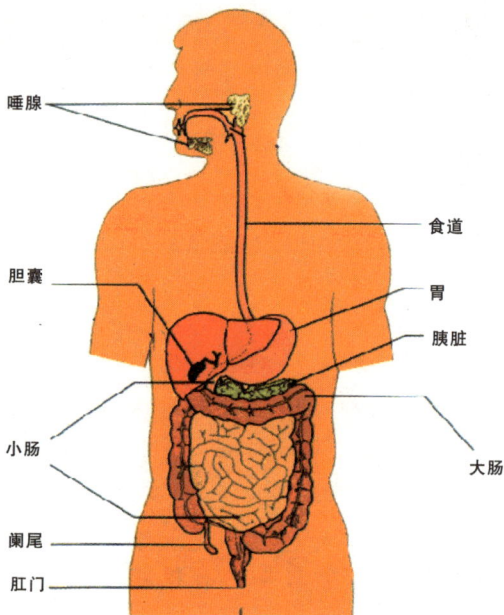
□人的消化系统

唾腺

食道

胆囊

胃

胰脏

小肠

大肠

阑尾

肛门

物理学家则用物理学原理来解释消化。法国物理学家列奥弥尔首次发现了胃液的消化作用，这是对消化研究的一大突出贡献。尽管列奥弥尔没有解决整个消化问题，但却由此开辟了消化过程研究的新领域。他通过用鸟类、狗做实验，总结了三种动物消化的方式：一是机械的研磨，二是腐化或腐烂作用，三是由胃分泌的某种液汁的化学作用引起的溶解。从今天成熟的消化理论来看，列奥弥尔对消化的理解，除了第二种途径，第一和第三基本是正确的。从列奥弥尔的研究开始，近代生理学关于消化过程的研究从此发展起来了，到20世纪，整个消化过程已被完全揭示出来。

生理学的研究在不断地进行，现代生理学研究表明，不同等级的动物的消化方式是不同的，大概分为胞内消化和胞外消化两种方式。结构比较简单的动物吞入食物后，在细胞内借助酶的作用，使食物分解获取营养，这是胞内消化方式。结构比较复杂的动物有专门的消化系统即消化道，消化作用完全在消化道内进行，此即胞外消化。高等动物和人类的胞外消化又分为两种具体形式，即机械性消化（通过消化道的收缩活动而实现）和化学性消化（通过消化腺分泌的消化液完成）。在正常情况下，这两种消化形式是相互配合、同时进行的。

小肠是吸收营养物质的主要器官，经过消化后的物质主要在小肠内被吸收，并进入血液循环系统输送到全身，供机体利用。营养物质在体内的吸收有主动吸收和被动吸收两种机制。被动吸收主要包括扩散、渗透等作用，水、维生素等就是通过被动吸收进入胞内的。而诸如氨基酸、单糖及非脂溶性有机物都是靠主动吸收实现的。现代生理学对主动吸收研究最充分的是关于细胞膜对钠、钾离子的转运，营养物质就是通过这种方式被吸收进入细胞，然后参与体内的各种生化反应，成为糖类、脂肪、蛋白质再合成的原料，最后转变成机体自身的组分。

这就是人类在不断探索和研究中得到的关于消化吸收的理论。我们人类以及部分动物体内的消化吸收都是这样进行的。

📖知识链接

发 酵

发酵有时也写作酦酵，其定义因使用场合的不同而不同。通常所说的发酵，多是指生物体对于有机物的某种分解过程。发酵是人类较早接触的一种生物化学反应，如今在食品工业、生物和化学工业中均有广泛应用。其也是生物工程的基本过程，即发酵工程。对于其机理以及过程控制的研究，还在继续。

神经调节的研究历程

科普档案 ●**生物学概念**:神经调节 ●**基本过程**:反射 ●**环节**:感受器、传入神经、神经中枢、传出神经和效应器

巴甫洛夫、谢灵顿的研究告诉人们，机体的一切生命活动实际上都可归结为神经系统的反射活动，也就是说，是受神经系统调控的。生命体正是通过神经调节来保持内外环境的平衡与稳定，从而进行正常生命活动的。

调节是生命的基本属性之一。一切生物,在其生存的每一瞬间,都在不断地调节机体内部各种机能状况和调整自身与外界环境的关系。不同的生物,其调节方式有高低之分。在植物界和低等动物中,只有化学调节方式,而在高等动物如哺乳动物中,除了化学调节外,还有神经调节方式。它直接或间接地调节着机体内各器官、系统的功能,来适应机体内外环境的变化,维持生命活动的正常进行。

科学上对于机体的神经调节的研究与认识,大概可以追溯到19世纪初。那时,在欧洲有两个重要学派致力于神经系统的研究:以赫尔姆霍兹为代表的柏林医学派采用还原论的研究方法,注重研究神经系统的功能;以贝尔和马吉迪为代表的英法学派侧重研究神经系统的结构。两个学派都在各自的研究领域取得了瞩目的成就,所有这些研究为后来的高级神经系统活动学说的确立,奠定了坚实的科学基础。

19世纪后半叶,人们在实验中观察到,在毁掉整个脊髓和延髓后,刺激感受器不再引起机体的应答性活动。与此同时,弗留格在研究神经中枢在由感受器经过中枢神经纤维传入的冲动影响下所发生的活动过程中发现,增强感受器刺激,能引起反射性应答的显著变化,即出现兴奋灶。19世纪60年代初,俄罗斯生理学家谢切诺夫则发现了中枢神经活动的抑制现象。谢切诺夫对神经生理学的最大贡献是首创了"大脑反射学说"。19世纪60

年代中期,他出版了《脑反射》一书,第一次将笛卡儿提出的反射概念应用于脑科学的研究中，提出了机体的一切神经活动的基本方式都是反射的基本思想,反射就是机体在中枢神经系统参与下,对外界刺激所发生的一种反应。

19世纪80年代后期，西班牙医生卡扎尔创立了神经元理论。卡扎尔通过仔细的显微镜观察，发现所有的动物神经系统都是由单个神经细胞——神经元构成的，彼此不同的神经元并不是连在一起的,而是被一"间隙"——即后来谢

□俄罗斯生理学家谢切诺夫

灵顿称之的"突轴"所分开。神经元理论的建立为人们正确了解神经冲动在神经系统中的传导方式提供了条件。

但是,至19世纪末的所有这些研究，都还不能解释神经冲动在机体内的传导过程，也不能回答中枢神经系统是如何调节机体的行为功能问题。对这个问题的开拓性研究和贡献,要归功于俄罗斯的巴甫洛夫和英国的谢灵顿。

作为谢切诺夫的学生,巴甫洛夫于20世纪初开始用狗做实验研究条件反射与非条件反射问题。巴甫洛夫的基本思想是这样的:通过反复重复的外部刺激,可以在动物大脑皮层中建立起暂时的神经联系。由铃声引起的听觉刺激伴随着由食物产生的视觉刺激多次重复,就会形成从耳鼓膜的神经末梢到唾液传出途径这样一条神经通路。他由此得出结论说,条件反射是借助于大脑皮层中暂时联系的通路而实现的。1903年,在马德里召开的第14届国际医学大会上,巴甫洛夫首次阐述了他的条件反射学说。此后,在条件反射与非条件反射研究的基础上,巴甫洛夫又建立了第一信号系统和第二信号系统学说。他指出,第一信号系统是动物和人类共有的,它是由现实的具体信号如实物刺激引起的条件反射。例如,吃过酸梅的人一

看到酸梅就会分泌唾液。第二信号系统则是为人类所特有的,它是由现实的抽象信号如语言刺激引起的条件反射。例如,人在听到"酸梅"一词或看到"酸梅"一词时,也会引起唾液分泌。

在巴甫洛夫研究条件反射的同时,英国生理学家谢灵顿研究了神经冲动在中枢神经系统中如何有选择地从一个神经元传导到另一个神经元的问题。他利用卡扎尔的发现,建立了称之为"独特的和共同的神经通路",即现在大家所知道的"反射弧"概念。谢灵顿认为,反射弧是机体从接受刺激到发生反应,兴奋在中枢神经系统内的传导途径,神经中枢的功能就是接受各种神经冲动并进行整合。20世纪初,谢灵顿将自己的研究成果写成《神经系统的整合作用》一书,集中阐述中枢神经系统的整合作用,他因此荣获诺贝尔生理学或医学奖。

巴甫洛夫、谢灵顿的研究告诉人们,机体的一切生命活动实际上都可归结为神经系统的反射活动,也就是说,是受神经系统调控的。生命体正是通过神经调节来保持内外环境的平衡与稳定,从而进行正常生命活动的。

🔖知识链接

中枢神经系统

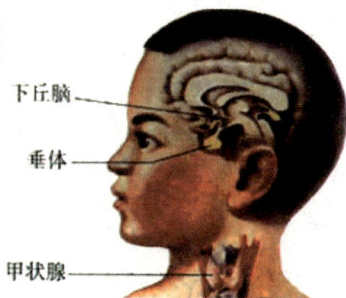

下丘脑

垂体

甲状腺

中枢神经系统是神经系统的主要部分。其位置常在人体的中轴,由明显的脑神经节、神经索或脑和脊髓以及它们之间的连接成分组成。在中枢神经系统内大量神经细胞聚集在一起,有机地构成网络或回路。中枢神经系统是接受全身各处的传入信息,经它整合加工后成为协调的运动性传出,或者储存在中枢神经系统内成为学习、记忆的神经基础。人类的思维活动也是中枢神经系统的功能。

神农架野人

科普档案 ●生物名称:野人 ●发现地区:神农架 ●特征:能直立行走,比猿类高等,具有一定的智能

神农架地区自古以来就有野人传说,目击群众多达数百人。不过,至今都没有确实证据证明野人的存在。野人的传说使神农架一直具有浓郁的神秘色彩,这些都有待于进一步考察。

神农架地区自古以来就有野人传说。在鄂西北山区,历代地方志中,都有野人出没的记载。在这一带,目击野人的群众多达数百人。目击者讲述的情况中,有人看见野人在流泪,也有野人向野人拍手表示友好。野人像幽灵一样多次徘徊在神农架原始森林之中,频频地与人们捉迷藏,若隐若现。神农架因为盛有野人出没而闻名遐迩,不过,至今都没有确实证据证明野人的存在。神农架野人是什么样子的?它们有什么共同的基本特征?

目前手头掌握的大量资料证明,神农架野人的样子大体是这样的:两脚直立行走,受惊逃跑或上陡坡时也会用四肢行走。身高有大型和小型的两种,大型的约2米高左右,小型的有1.6米左右。浑身是厚毛,毛色有红色、棕色、黑色等色泽。红色的较多。有的体胖腰粗,有的身型瘦长。胸背是平的。腿比人的长,大腿粗,小腿细,有小腿肚。手心、脚心无毛。手很大,手和指比人的长而粗,指甲尖长而厚实,手能抓握。脚掌前宽后窄,印痕上看不出足弓。大趾特别粗,与四趾分开,似乎也有一定的抓握能力。头比人的略大、略长,头发多、长而披垂。脸型瘦长,上宽下窄,有的有短毛,有的无毛。有的嘴略突出,有的则很突出。鼻骨低而长。门齿较人的粗大,犬齿粗,但不如虎牙尖长。耳比人的大,耳轮前倾,有的无毛,有的耳边有稀毛。眼睛有的像人眼,有的是圆眼大些,眼窝很深。

野人的生活习性是已习惯于两条腿走路。它们手臂和腿长的比例和人

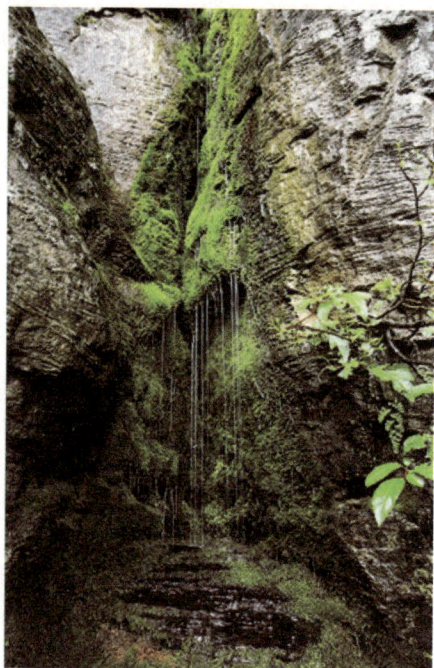
□野人谷

的相似，或手臂略比人长。野人两腿直立行走已不需要手臂支撑，而且能在深山老林里走远路，即使上山坡的速度也比人快得多，目击者对它的跨步之大，山间行走之迅速，都表示惊讶。从跨步大也可以看出它的体力强健和体形高大。野人手的抓握力量相当大。野人不会说话，没有语言，但也会用手示意，起了类似手势语的作用。野人虽然能够长时间地两腿直立行走，但是也显示出其过渡性，表现在它既会两脚走路，也会四肢走路。在一般情况下是两脚走路，在特殊情况下也会用四肢走路，走起来弯腰驼背的。野人避开人类进入高山地带，它们必须适应高山的严寒气候，而有异于生活在热带气候的现代类人猿。人们往往在冬季积雪的山地上，看到它留下的跨步很大的脚印。有人在神农架高山雪地上首先发现野人脚印，跟踪结果，看到了一个约2.3米高、棕红色毛发的野人，说明野人在冬季大雪严寒中也可以外出，虽然外出次数较少。

有些人以现代类人猿生活在赤道附近，否认野人在严寒的高山地带存在的可能性。其实，能耐严寒正是野人生活习性的特点之一。另外还要看到，像巨猿这样的动物可以很容易地在山谷丛林中幸存，海拔高度的突然变化在陡坡上产生一种包括从热带到寒带的连绵的植物。猛烈的季风使山腰终年云遮雾绕，橡树、木兰、山杜鹃、枞树、赤杨、山毛榉等构成连绵繁盛的密林，无数大型的哺乳动物都享受这优厚的条件。野人可以利用高山从上到下各部分气温的不同和老天爷周旋。夏天太热，可以往上跑，冬天太冷可以往下走。野人的食物以植物为主，兼食一些小动物。虽然在原始森林中，野人的食物是丰富的，但是由于它们不会劳动生产，食量又比较大，一个狭小的食物区只能满足较短时间的食用。因此，野人经常要迁移寻找新的食物地区,在广阔的山野中到处游荡。野人的这种生活习性,还构成了它不仅健走、迅走,而且好独走。因为如果成群结队,就会都吃不饱,甚至有相当多的个体会饿死,内部也会为争夺食物而互相斗死。

野人住在什么地方?它们之间怎样交流呢?神农架林区多次发现野人随地造窝。从它们用竹枝、竹叶、树枝、树叶制造的睡窝来看,在春、夏、秋三季,它可能无固定住所,因寻找食物而游荡山野,大概就随地找个适当的位置搭窝睡觉了。野人尚无语言,但会用声音示意。关于野人发出的各种吵声,目前已收集的有:嘎嘎、哇哇、鸡拉、嘿嘿嘿、呵呵呵、轰轰轰轰、呜唿、哦哦、吱哇吱哇、喷喷、吱啦啦、咕喽咕喽等。据目击者认为,这些叫声,有的表示高兴,有的表示惊慌,有的表示愤怒,有的是笑的表示,有的是一对野人互相示意的声音,有的是野人被石头击中后发出的声音。许多声音示意的含义还有待研究。但是,野人无语言的示意,包括手势示意,发出各种声音示意,都表明它们有了一些初步的传达需要,出现了类似哑巴这种相互传达意思的手势语言类,出现了类似婴儿发出声音示意的情况,这就使野人与其他一般动物有了区别。或许它在这方面也显示出比现代类人猿进步。

直到现在,一些山区还流传着野人吃人的说法,说野人抓住人,会先笑,然后才吃人。对付它的办法就是两手臂套上竹筒,以便被它抓住时,把

□神农架野人洞

手抽出来逃跑。或如古书说的办法,凿其唇于额而擒之。野人究竟是否吃人,到目前为止,还没有一个确凿的野人吃人的事例。野人的性格还是温和的,喜欢与人接近,一般不伤害人。野人可以从现代人劳动生产中得到苞谷等农作物及蜂蜜、小鸡、小狗等食物,因此,对人类有好感。野人是与人类比较接近的高级灵长类,有许多共通的东西,这也是野人喜欢接近人类的因素。野人敢于近火,善于夜行。使用火是人类蒙昧时代由低级阶段进入中级阶段的主要标志之一。北京周口店猿人化石遗址,证明北京猿人已会用火。野人呢?它还没有进入猿人阶段,但是它比一般古猿进步,也表现在对待火的上面。野人虽然还不会用火,不会熟食,只会生食。但是,有些迹象表明它已经敢于接近火。目击者反映野人会走到人烤过火的火堆旁取暖。夜行性也是野人生活习性的一个重要特点。在神农架地区,目击者多数是在夜间遇上野人的。

如果说野人到高山区是从空间来躲避人类,那么野人的夜行性是否可以说是从时间上躲避人类?抑或是为了便于捕捉夜出的小动物?野人的传说使神农架一直具有浓郁的神秘色彩,这些都有待于进一步考察。

📖 知识链接

野 人

野人是一种未被证实存在的高等灵长目动物,直立行走,比猿类高等,具有一定的智能。"野人"是众多传说的神秘动物中最可能真实存在的一种。对于"野人",世界上不同地方有不同的称呼,如"雪人""雪怪""大脚怪"等。

远古生命蜥脚类恐龙

科普档案 ●**动物名称:**蜥脚类恐龙●**特征:**当时陆地上最大的动物,颈、尾长,四肢粗壮,身躯如大酒桶

距今约 1.5 亿年前,地球上的统治者是恐龙,而其中的主角则是蜥脚类恐龙。蜥脚类恐龙是一种草食恐龙,身长最大的超过 30 米,脖子和尾巴很长,粗壮的四肢支撑着如酒桶般的身躯,这个家族中还包括了梁龙、腕龙、雷龙等。

对于 19 世纪的英国古生物学家欧文来说,"恐怖的蜥蜴"或"恐怖的爬行动物"是指大的灭绝的爬行动物。自从 1989 年南极洲发现恐龙后,全世界七大洲都已有了恐龙的遗迹。后来,中国、日本等国的学者译为恐龙,原因是这些国家一向有关于龙的传说。距今约 1.5 亿年前,地球上的统治者是恐龙,而其中的主角则是蜥脚类恐龙。蜥脚类恐龙是一种草食恐龙,身长最大的超过 30 米,脖子和尾巴很长,粗壮的四肢支撑着如酒桶般的身躯,这个家族中还包括了梁龙、腕龙、雷龙等。

长期以来,生物学家对蜥脚类恐龙前所未有的庞大身躯充满了种种困惑。它们怎样具有如此庞大的体形?地球上其他陆地动物为何达不到如此"吨位"? 现在,地球上最大的陆地动物是非洲象,重量不过在 6 吨左右。即便在恐龙家族,蜥脚类恐龙也属于重量级。成年霸王龙重量只有 7 吨,而最大的非蜥脚类恐龙,称为

□霸王龙

巨型山东龙的中国恐龙重量也不过 16 吨。

德国波恩大学古生物学家马丁·桑德领导一个国际科学家小组一直在破解蜥脚类恐龙之谜。他们的研究结果表明，蜥脚类恐龙具有许多独特的生物特征，在这些特征的共同作用下，它们拥有了无与伦比的庞大身躯。桑德的研究是从 19 世纪古生物学家科普的观察结果开始的。科普注意到，动物的躯体随着进化发展而增大，这一理论被称为"科普法则"。中国北京脊椎动物古生物学与古人类学研究所科普法则专家戴维·霍尼认为，体形庞大具有许多进化优势。他解释说："它们不易成为捕食对象，在寻找食物或交配对象时比竞争对手更有优势。然而，大型动物一般更易遭遇灭绝的威胁。"

与身躯娇小的动物相比，大型动物吃得更多，繁殖速度更慢，一旦遇到困难或食物短缺，会面临更大的问题。美国布朗大学古生物学家克里斯丁·贾尼斯说："像巨犀这样的身躯庞大的哺乳动物，它们的化石记录历史更短，而身躯娇小的哺乳动物的化石记录则更久。"所以，一方面，自然选择促使动物身体越长越大，另一方面，动物因走上这条道路而得到惩罚。这种对立力量之间的均衡避免大多数陆地动物的体重超过 10 吨。体形庞大还带来其他一些问题。它们如何支撑自己庞大的身躯？身体所需要的食物和氧气又从哪里来？蜥脚类恐龙以其特有的方式克服了上述所有的挑战。蜥脚类恐龙最早出现在距今约 2.2 亿年前，很快长成了庞然大物。已知最早的蜥脚类恐龙是距今 2.1 亿年的 15 吨重的伊森龙。20 世纪 90 年代，贾尼斯的研究发现，蜥脚类恐龙身躯庞大的一个重要因素是其独一无二的繁殖方式。同所有的恐龙一样，蜥脚类恐龙也下蛋。贾尼斯解释说："哺乳动物体形越大，后代就越少。但是，大型恐龙可以同时拥有许多蛋和幼仔。虽然恐龙体形在不断增长，可幼仔的数量并没有减少。"

大象每四年产下一头幼仔，而在同一时间段，恐龙可以下数百个蛋。这样一来，蜥脚类恐龙就可以消除因其身躯庞大带来的一个危险。数量是蜥脚类恐龙在面临危机时，相比于大型哺乳动物具有更快反弹的潜力。支持贾尼斯这一论断的证据来自于对恐龙蛋化石的研究。蜥脚类恐龙留下了令人吃惊的恐龙蛋和窝的详细记录，有时里面还有保存完好的胚胎。恐龙蛋一般有鸵鸟蛋大小，一窝8个蛋。蜥脚类恐龙巢穴并没有显露出亲代抚育的迹象，这进一步增强了成年蜥脚类恐龙繁殖更多后代的能力。但是，下蛋和缺乏亲代抚育并不能完全解释不照顾幼仔的原因。于是，桑德又

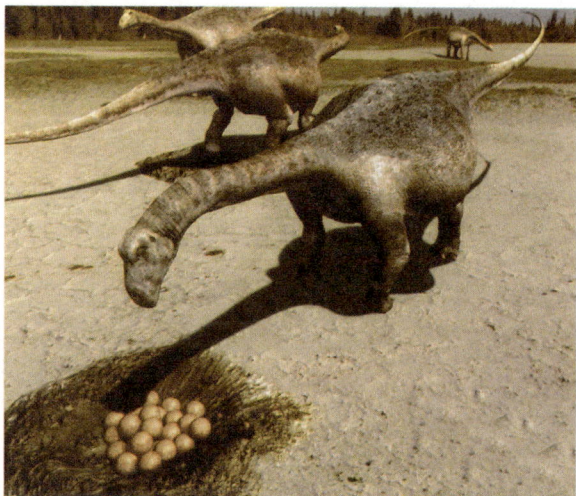
□蜥脚类恐龙

从其他方面入手欲进一步揭开这个谜团。他发现，身躯庞大似乎可以让蜥脚类恐龙生长速度更快。为了解恐龙生长速度，桑德研究团队利用显微镜对恐龙骨骼进行了检查。

　　大多数恐龙的骨骼上都有类似树木年轮的生长线。根据桑德最后得出的结论，蜥脚类恐龙的新陈代谢很快，使它们可以相对快速地获得庞大体形。他说："其他类型的恐龙都没有蜥脚类恐龙这么高的生长速度。"桑德的研究小组对一种重达30吨、名为马门溪龙的亚洲蜥脚类恐龙进行了研究，研究结果表明这种快速的生长可以转化为惊人的体重增加。马门溪龙一年的体重最多可以增加2吨。相比之下，非洲象一年体重不过增加200千克。生长速度快当然有很多好处，可一旦动物拥有庞大身躯，它们如何应对身体和生活方式的需要？蜥脚类恐龙全都符合相同的基本身体构造：脖子长，脑袋小，庞大的体形如酒桶一般，腿部粗壮结实。桑德及其他研究人员认为，蜥脚类恐龙独特的身体结构是其具有庞大身躯的重要原因。

　　20世纪80年代，芬兰赫尔辛基大学的杰伊·霍坎南回答了这个问题：如何支撑和移动庞大身躯的谜底。通过分析大型动物的骨骼和肌肉力量，霍坎南发现，即便是体形最大的蜥脚类恐龙，它们的躯体也远未达到理论上限。他说："腕龙的体形起码是别的恐龙的好几倍，但仍在陆地上行走。"所以，尽管大型蜥脚类恐龙笨重不灵活，但这一缺陷并没有抑制它们向更

大的身躯发展。一个相关问题是大型蜥脚类恐龙如何获得足够的氧气。2003 年，美国俄克拉荷马州萨姆诺贝尔自然历史博物馆的马休·威德尔破解了这一谜团。威德尔发现，蜥脚类恐龙的肺部像鸟类一样。鸟类的呼吸效率远远超过哺乳动物。蜥脚类恐龙吸气时，空气充满肺部和体内的肺泡。也就是说，蜥脚类恐龙肺部的新鲜空气会不停流动，每次呼吸获得的氧气量是哺乳动物的 2.5 倍。威德尔说："蜥脚类恐龙拥有一套肺泡系统，它们同鸟类的肺泡一样复杂。"

蜥脚类恐龙独特的身体结构则解释了这种 80 吨重的庞然大物如何可以获得足够的食物。当今地球上最大的陆地动物都是食草动物，靠吃进大量没有营养的植物生存。这便要求食草动物不停地吃下去。例如，大象一天当中有 18 个小时在吃东西，每天消耗掉 200 千克的植物。按照这些大型食草动物的标准，蜥脚类恐龙要吃饱一天至少要吞下 1 吨植物，它们怎么能做到这一点？桑德发现，蜥脚类恐龙像长颈鹿一样的脖子和小脑袋起了关键作用。脊椎轻可以让蜥脚类恐龙的脖子长得更长，增加了捕食范围。如此一来，蜥脚类恐龙站着不动，它们的脖子照样可以上下左右觅食，从而节省了体力。此外，蜥脚类恐龙不是咀嚼食物，而是用挂钩似的牙齿将枝叶从植物上咬下来，整个吞入腹中。

正是由于独特的繁殖和生长方式及身体结构，蜥脚类恐龙才能克服庞大身躯带来的诸多限制。毫不夸张地说，蜥脚类恐龙就是恐龙时代的"精英"。

📖**知识链接**

恐龙的分类

恐龙被分成两大类：蜥臀类和鸟臀类。这是依它们的骨盆构造的不同进行的分类。蜥臀类的骨盆像蜥蜴的骨盆；鸟臀类的骨盆像鸟的骨盆。蜥臀类包括兽脚类和蜥脚类，如霸王龙、雷龙等。鸟臀类全部是吃植物的恐龙，可分为鸟脚类、剑龙类、甲龙类和角龙类四类。

寒冷地带的强者麝牛

科普档案 ●动物名称:麝牛●出现时间:60万年前●分布区域:加拿大北部、格陵兰和美国阿拉斯加

麝牛生活于北美洲极北地区,外貌像野牛,体形大,但低矮粗壮,蹄宽阔,适于越过雪地。夏季它们吃青草、苔草及其他木本植物,为过冬储存足够的脂肪。冬季它们迁移到多风而积雪不厚的地方,扒开积雪进食苔草和地衣。

雌麝牛每年4月产仔,但幼仔的成活率很低,由于当时天气很冷,夜比昼长,初生的幼仔往往因乳毛未干即被冻死。麝牛毛皮极好,曾被大量猎杀,几乎灭绝。后经保护,现种群数量已有所恢复。麝牛生活在加拿大和格陵兰广阔而没有树木的冻土上,这里的泥土大半年都是冻结的,这里已是很北的地带了,除非再往北直到北极的冰封地带。夏天,地面的冰雪有些融化了,麝牛就可以吃青草和芦苇这样的植物。与此同时,它们开始在体内贮存脂肪,以便在严酷的季节里存活下来。雌牛隔年才产下一头幼仔,幼仔有着厚的毛皮,在出生后1小时之内就能够行走。大的雄牛站着时,算到肩膀处约有1.5米高,全身约2.5米长,雌性麝牛的体形就小一些了。在繁殖以前,雄牛为了争夺群体的领导权而打斗。在此期间,它们会从脸部的腺体中释放出浓重的麝香味。它们用头撞击对方,展开激烈的战斗,直到一方让步离开为止。麝牛头上长着一对坚硬无比的角,是防卫及决斗的有力武器;身披下垂长毛,可一直拖到地上,长毛的下面又生有一层厚厚的优质绒毛,因纽特人称之为"奎卫特";耳朵很小,覆盖有浓密的毛;鼻子是唯一裸露的地方;四肢短小粗壮,一旦受惊,则会狂奔不已。麝牛的身体结构能有效地降低热量散失,但在隆冬季节,温暖的气流光顾北极,带来一场大雨,淋湿的麝牛经寒风一吹就变成了一个大冰坨子,动弹不得甚至活活冻死。

□不畏严寒的麝牛

　　麝牛栖息于多岩荒芜的地方,群居,性情勇敢,在任何情况下都不退却逃跑。当狼和熊等敌害出现时,一群麝牛立即形成防御阵形,成年公牛站在最前沿,而把幼牛围在中间。公牛会出其不意地发动进攻,用尖角袭击对方。由于自己的毛长而厚,可保护身体不被敌兽咬伤。公牛进攻后,立即返回原地,严阵以待。在冻土带,冬季的气温可能会降至零下70℃,风暴也会持续几天不停。在最恶劣的天气里,麝牛会成群地挤在一起,一群可达100只。年幼的麝牛被置于中间,成年的牛则背对着风,直到最强的风暴过去。麝牛在分类上是一种介于牛和羊之间的动物,从其外表来看,更像我国西藏的牦牛。其重量主要集中于长有肉峰的前半身,前重后轻,显得格外矫健有力,是北极最大的食草动物,分布于加拿大、格陵兰和阿拉斯加北部的冰原上,以苔藓、地衣和植物的根、茎及树皮等为食,俨然是苔原上的主宰。

　　在平常情况下,麝牛显得格外温顺,停下来吃一点食物,接着平躺在地上细嚼慢咽,不一会儿便打起瞌睡来。等稍微清醒时,接着再向前走一段,然后故伎重演,吃食物、反刍、打瞌睡。其实,麝牛这样做有其目的:既可减少能量的消耗,又可降低对食物的需求。夏季,麝牛主要以新鲜野草为食,从融化了的小溪、池塘、河流中饮水。冬季,麝牛仅吃少量雪,因消耗热量才能将雪融化成水，这样不仅可以满足身体需要，而且可以降低能量的流失。由于麝牛保持能量的效率极高，所以它所需的食物仅占同样大小牛的1/6。麝牛喜群居，夏时集群较小，觅食矮小柳树的叶子，冬时结成大群多至百余头。通常幼麝牛和雌麝牛位于队伍中间，身强力壮的雄牛则在四周担任警戒和保护的重任，且雄麝牛又组成各自独特的小组，每组都有自己的"组长"，均由一头老麝牛领导（往往是怀了孕的雌麝牛）。每当队伍前进时，总由一头精明强干的雄麝牛在前面开路，后面则跟着一群浩浩荡荡的麝牛大军。

经过夏天的休养生息，麝牛积累了大量的能量。雌性主要为了繁殖，麝牛每两年才繁殖一次，每胎仅产1仔；雄性也要在入秋的发情期争夺生殖权利。每当此时，雄麝牛脸上的麝腺分泌出气味强烈的分泌物，经腿部沾到地上的植物上，以此来划出自己的领地，雌麝牛则被圈在其中，被严格看管和保护，任何别的雄麝牛不得侵占，否则双方就会展开一场惊心动魄的争夺战。经过激战，被迫认输的一方只好灰溜溜地逃跑，得胜者追击几步，然后停步朝着逃跑者吼叫数声，也无心恋战，便赶回到雌麝牛群中，因为潜在

□ 群居的麝牛

的危险依然存在。而它们的争斗，雌麝牛并不在意，仍继续不断地照常采食。麝牛性情温顺，即使强敌来临，也本着"人不犯我，我不犯人"的原则，总是严阵以待而不主动攻击。

麝牛曾是一种在北半球分布极广的动物。远在200多万年以前，曾发生过巨大的更新世冰川运动，使气候剧变，曾一直蔓延到中纬度地区，而喜欢在冰雪中生活的麝牛亦随之来到此地。比如，在美国中部的肯塔基州曾发现其遗骨；在法国，石器时代的洞穴中不仅发现其化石，而且岩洞的壁画和雕刻中也有其形象。不过，石器时代结束时，麝牛便因被大量捕杀而从欧亚大陆消失了。由于当时北美大陆尚无人类居住，麝牛才得以幸存。目前，北极地区有为数不多的几个麝牛群，总数约7000多头，已濒于灭绝的边缘。尽管格陵兰岛、加拿大等国家和地区禁止捕猎麝牛，但仍有不少麝牛遭到疯狂的捕杀。

📖 知识链接

麝牛抗敌

当一群麝牛感觉到威胁时，它们会围成一圈面对敌人，将小牛藏在中间。如果敌人是一头狼，在牛群四周转来转去，牛群就会跟着它旋转，让最强壮的牛正对着敌人。

鳄鱼的眼泪

科普档案　●动物名称:鳄鱼●出现时间:2亿年前三叠纪至白垩纪的中生代●分布区域:热带、亚热带

大家熟悉的"鳄鱼的眼泪"通常用来比喻虚伪的坏人。其实鳄鱼流泪是一种自然的生理现象,目的是排泄体内多余的盐分。因为鳄鱼的肾功能不完善,无法排泄,也不可能通过出汗排盐,所以只能通过流泪这种特殊的方式。

凶猛的鳄鱼在残忍地吞食弱小动物的时候,还要流泪。这样就产生了大家熟悉的"鳄鱼的眼泪"来比喻那些虚伪的坏人。其实鳄鱼流泪是一种自然的生理现象,它们流泪的目的是排泄体内多余的盐分,科学家把鳄鱼眼泪收集起来进行化验,发现里面盐分很高,要排泄这些盐分本来可以通过肾脏和汗腺,但是鳄鱼的肾功能不完善,无法排泄,也不可能通过出汗排盐,所以只能通过一种特殊的盐腺来排盐。鳄鱼的盐腺中间是一根导管,并向四周辐射出几千根细管,跟血管交错在一起,把血液中的多余盐分离析出来,通过中央导管排出体外,而导管开口在眼睛附近,所以当这些盐分离析出来时,就好像鳄鱼真的在流泪一样。

古代西方传说鳄鱼在吃人时会流泪哭泣,因此有了"鳄鱼的眼泪"这个谚语。对此的描述最早见于英国学者、神学家亚历山大·尼卡姆写于大约1180年的博物学著作《物性论》和方济会修道士巴塞洛缪斯写于1225年的百科全书《事物本性》。100多年后,1356年左右出版了一本讲述东方见闻的《曼德维尔游记》,以亲身经历叙述鳄鱼边吃人边哭泣,这本书风靡一时,使得这个传说广为人知。1563年,英国约克及坎特伯雷的主教埃德曼·格林德尔第一个用"鳄鱼的眼泪"一语来比喻虚伪。

和其他传说一样,这个传说在流传中起了一点变化。1565年,英国著名黑奴贩子、航海家约翰·霍金斯声称他及其水手在加勒比海诸岛的河流中

□凶猛的鳄鱼

看到许多鳄鱼,它们发觉附近有猎物时,会哭得"像一个基督徒",把猎物吸引过去乘机逮住。按这种说法,鳄鱼流泪不是假慈悲,倒是诱捕猎物的诡计。这个说法稍后被英国桂冠诗人埃德曼·斯宾塞用在其著名史诗《仙后》中,用一整段描述这一情景。进而莎士比亚在《奥赛罗》中控诉女人惯用鳄鱼的眼泪达到邪恶目的。有这两位大作家引用,再加上鳄鱼凶猛的形象和眼泪的强烈反差,从此这个用语不传遍全世界也不可能了。

生物学家们当然不会相信鳄鱼真的会装哭。有的干脆认为鳄鱼没有泪腺,不会流泪:鳄鱼大部分时间生活在水中,眼泪能有什么用呢?20世纪早期有个科学家用洋葱和盐擦鳄鱼的眼睛,发现它们不会因此流泪,似乎支持这个说法。但是鳄鱼是有泪腺的,人们在野外和公园中有时能看到鳄鱼的确会流泪。海龟也会流泪,生物学家早就发现那是眼眶附近的盐腺在排泄体内多余的盐分。于是生物学家难免会猜测鳄鱼的眼泪也有这个作用。这个猜测很合情合理,毕竟,鳄鱼和海龟都属于爬行动物,身体结构和功能上应该很相近,而且有些鳄鱼生活在河流的入海口,也需要排出从海水吸入的盐分,在鳄鱼身体表面看不到有别的液体排出,眼泪就是个很好的候选。但是这只是猜测。到了1970年,才有生物学家去检测鳄鱼眼泪的成分,发现海湾鳄鱼在海水生活一段时间后,其眼泪的含盐量有所增加。这似乎证明了鳄鱼的眼眶有和海龟一样的盐腺,由此被写入动物学专著和教科书。但是另一方面，这个实验表明鳄鱼眼泪的含盐量比海龟、海蛇等海洋爬行类的盐腺分泌物的含盐量明显要低，因此也有生物学家认为它其实否定了鳄鱼眼眶有盐腺的假说。

这场争论在1981年结束。那一年，澳大利亚悉尼大学塔普林和格里格注意到湾鳄舌的表面会流出一种清澈的液体，怀疑这才是鳄鱼盐腺的分泌物。但是液体分泌的速度太慢，无法收集进行分析。给鳄鱼注射盐水刺激盐腺分泌，也不成功。最后他们采用的办法是给鳄鱼注射氯醋甲胆碱，以前的实验已表明给其他海洋爬行动物注射氯醋甲胆碱能刺激盐腺的分泌。鳄鱼舌头上果然不停地分泌出液体，能够用针筒收集来分析钠、氯、钾离子的含量并测定渗透压。他们同时也搜集了鳄鱼的眼泪作为比较。结果发现这些分泌液的盐分比血盐浓度高得多，是其3~6倍，渗透压则是血液渗透压的3.5倍，和海水的渗透压相当。而眼泪的盐分虽然也升高，但只是血盐浓度的2倍左右。随后他们对鳄鱼舌头做了解剖，在舌头的黏膜上发现了盐腺，其构造和其他海洋爬行动物的盐腺，特别是海蛇舌下的盐腺很相似。此后其他人的研究也都证实了这个发现。

如此看来，鳄鱼是通过舌上分泌液而不是眼泪来排泄盐分的。那么鳄鱼的眼泪起什么作用呢？鳄鱼通常是在陆地上待了较长时间后才开始分泌

□湾鳄

眼泪,是从瞬膜后面分泌出来的。瞬膜是一层透明的眼睑,鳄鱼潜入水中的时候,闭上瞬膜,既可以看清水下的情况,又可以保护眼睛。瞬膜的另一个作用是滋润眼睛,这就需要用到眼泪来润滑。鳄鱼吃东西的时候是不是真的会流泪?佛罗里达大学动物学家肯特·弗列特在鳄鱼饲养场观察、拍摄了4头凯门鳄、3头短吻鳄在陆上进食的情况,发现其中的5头的确会边吃边流泪,有的甚至眼睛会冒泡沫。它们吃的是狗食一样的加工食品,当然犯不着为这些食物哭泣。

如果人喝了海水,会越喝越渴,最后甚至渴死。可是生活在海洋中的鱼、爬行动物等却不会有这种危险,这是为什么呢?原来,它们都有自己独特的"海水淡化装置"。鱼只要一张嘴,水就灌满了口腔。但是,这些水大部分会通过鳃缝流出去,不会进入腹中。可是,在它吃东西的时候,部分海水就会随食物进入腹中了。它必须把喝进去的咸水变成淡水,这就需要一种特殊"装置"来达到目的:鱼鳃里的特种细胞可以把大量的盐分从血液中不间断地提取出来,随同黏液以高浓度状态传到鳃腔里,再流出体外。海鸟也有这种"海水淡化器"。它们的"淡化器"位于眼窝上部,而排出口位于鼻孔内,叫作盐腺。海鸟不时会从喙上部的鼻孔中排出一个亮晶晶的水滴,摆摆头抖掉。这种水滴就是盐腺排出的含有大量盐分的黏液。生活在海洋或海边的爬行动物如龟、蛇、鳄鱼类也有盐腺。鳄鱼在吃东西时会流出大滴晶亮的眼泪,人们常用"鳄鱼的眼泪"来形容假慈悲,其实流出的不过是从盐腺中排出的含盐量很高的溶液而已。

📖 知识链接

鳄 鱼

鳄鱼是迄今发现活着的最早和最原始的动物之一,它是在三叠纪至白垩纪的中生代(约两亿年以前)由两栖类进化而来的,延续至今仍是半水生且性情凶猛的爬行动物。鳄鱼之所以引起特别关注乃因其在进化史上的地位:鳄鱼是现存生物中与史前时代似恐龙的爬虫类动物相联结的最后纽带。同时,鳄鱼又是鸟类现存的最近亲缘种。大量的鳄化石已被发现;4个亚目中有3个已经绝灭。根据这些广泛的化石纪录,有可能建立起鳄鱼和其他脊椎动物间的明确关系。

大象的起源

科普档案 ●动物名称：大象 ●分类：亚洲象、非洲象、非洲森林象 ●分布区域：东南亚、非洲等地

最近法国科学家宣称，他们找到了目前已知最古老的大象的祖先。它生活在大约6000万年前，将哺乳动物繁盛的时间向前推进了500万年。当然，这些"大象"一点都不大，它们个头与兔子相似。

大象是世界上最大的陆栖动物，主要外部特征为柔韧而肌肉发达的长鼻和如扇大的耳朵，它的鼻子有缠卷功能，是象自卫和取食的有力工具。亚洲象历史上曾广布于南亚和东南亚地区，现分布范围已缩小，主要分布于印度、泰国、柬埔寨、越南等国。中国云南省地区也有小的野生种群。非洲象则广泛分布于整个非洲大陆。

象肩高约2米，体重3~7吨。头大，耳大如扇。四肢粗大如圆柱，支撑巨大身体，膝关节不能自由屈曲。鼻长几乎与体长相等，呈圆筒状，伸屈自如；鼻孔开口在末端，鼻尖有指状突起，能拣拾细物。象栖息于多种环境，尤喜丛林、草原和河谷地带。群居，雄象偶有独栖。以植物为食，食量极大，每日食量225千克以上。寿命约80年。一些象已被人类驯养，视为家畜，可供骑乘或服劳役。象牙一直被作为名贵的雕刻材料，价格昂贵，因此象遭到大肆滥捕，数量急剧下降。

传说6500万年前发生过一件骇人听闻的"白垩纪–第三纪灭绝事件"，包括恐龙在内的一大批地球生物灭绝了。过了大约1000万年时间，残存的哺乳动物祖先繁盛起来，占据了统治地位。不过，最近法国科学家宣称，他们找到了目前已知最古老大象的祖先。它生活在大约6000万年前，其将哺乳动物繁盛的时间向前推进了500万年。当然，这些"大象"一点都不大，它们个头与兔子相似。

□ 大象

大象的祖先只有兔子大，这个消息令人吃惊。这次发现的动物是新属新种，这是已知最古老的长鼻目动物。考古学家吉尔布朗特在摩洛哥东部盆地的上古新世地层中发现了这个动物的头骨。非洲象和亚洲象是长鼻目目前仅存的两个物种。它们也是目前地球上最大的陆生动物。通常认为，长鼻目的祖先可能出现在大约5500万年到6500万年前的古新世，它们也是已知最早出现的哺乳动物之一。而发现的这种动物，形态只有兔子大小，那如何判断它是现代大象的祖先呢？吉尔布朗特说，这个动物最主要的信息可以从它的牙齿上看到：它的两颗下排前牙从下颚伸出来，这和那个时候的其他动物的牙齿形态很不一样。吉尔布朗特认为，这正是现代大象的长牙的初期形态。从头骨碎片来看，科学家认为这种大象始祖从头到尾不过5分米长，仅仅比兔子略大而已，体重只有四五千克。

因为新发现只有头骨和下颚的碎片，所以目前还没有足够的证据能猜测出这种动物到底长成什么样。吉尔布朗特说，6000万年前，非洲植被茂密，也没有与亚欧大陆接合在一起。这个出于隔离状态的地方成了生物演化的特区，这种长鼻目动物紧跟恐龙的脚步而来，显示那个时期肯定还有更多的哺乳动物等待被发现。因此，科学家需要寻找更多的化石，才能真正揭开这个哺乳动物大行其道的时代的序幕。

这个兔子大小的长鼻目动物的意义很大，因为它给了科学家新的线索，得以重新判断，恐龙灭绝后到底多久地球才进入了"哺乳动物时代"。此前科学界普遍认为，6500万年前恐龙灭绝，随后哺乳动物的演化加速。但哺乳动物真正开始统治世界还是在恐龙灭绝1000万年到1500万年以后。

到目前为止，恐龙灭绝之后到生物再次繁荣，哺乳动物开始加快演化，这段时间的研究始终处于空白状态，原因就在于科学家缺乏化石素材，尽管非洲是这段演化故事发生的重要场所，这次发现长鼻目化石的盆地则是相当丰富的化石来源地，但科学家还是需要更多的化石证据揭开这个时期之谜。

此前，已知的长鼻目最早的动物是 5500 万年前的磷灰兽，也是在同一个盆地发现的。而这次发现的这个 6000 万年前的大象远亲显然打破了这个纪录，它成为现代有胎盘类目已知的最早期代表，因为它的牙齿证实了长鼻目与非洲有蹄类（近蹄类）相似。有蹄类动物是指使用趾尖来支撑身体的哺乳动物，比如常见的马、牛、羊等。因此，这次的这个发现可能将揭开大象和有蹄类动物之间的"神秘"演化关系。

在摩洛哥这边正在为发现兔子大小的长鼻目动物惊讶的同时，地球另一边的印度尼西亚也出现了另一个让人惊讶的大象化石：巨大的史前大象。一组澳大利亚和印尼科学家表示，他们最近发现了存在于 20 万年前的巨型大象的骨骼，其高度达到了 4 米以上。它可能是至今保存最完整、体形最大的大象。

研究小组成功挖掘出一具相当完整的史前大象的骨骼，化石所在地是印尼东爪哇一处遗弃的采石场，在一次偶然的季风大雨过后，采石场倒塌，

□ 象群

人们才意外地发现了这头20万年前的大象。研究小组成员包括澳大利亚卧龙岗大学和印尼西爪哇省地理调查中心的科学家，经过几周的挖掘，他们将史前大象化石搬到了万隆的地理博物馆。据研究者称，这是一具相当完整的史前大象化石，整体保存了近90%。他们正在博物馆里清洁大象的骨头，准备作更进一步的分析，并制作模子进行还原。据万隆地理博物馆的阿兹斯说，这是他们第一次发现完整的大象化石。它从头到脚，从躯干到尾骨均保留了下来。

另外，科学家还需要对骨骼进行年代和物种的分析，他们初步估计其存在于20万年前。阿兹斯认为，这头史前大象远比现代的亚洲象大，它从脚到骨盆有足足两米多高。据估计，这头大象高近4米，体长接近5米，约重10吨。它的体形和同时期的猛犸象接近，与现在的亚洲象相比，都算是庞然大物。"我们觉得从它的牙齿看来，这是非常原始的大象。"阿兹斯说，但是，除此之外，别的什么都还没被证实。

研究人员认为，这头大象可能陷入了河流的泥浆或流沙中死去，很快便被水和沙淹没，因此才没有被其他动物破坏，或被环境腐蚀。事实上，热带地区很少有化石发现，因为潮湿闷热的赤道环境会令腐烂加速进行，这是自1863年发现了一些脊椎动物骨骼之后，印尼第一次发现的完整的史前骨骼。

知识链接

猛犸

猛犸也称毛象，是鞑靼语"地下居住者"的意思，曾经是世界上最大的象。它身高体壮，有粗壮的腿，脚生四趾，头特别大，身上披着黑色的细密长毛，皮很厚，具有极厚的脂肪层，厚度可达9厘米。它具有极强的御寒能力。大小近似现代的象，但头骨比现代的象短而高。

鸟类的进化

科普档案 ●动物类别:鸟类 ●出现时间:1.5亿年前 ●特征:有羽,体温恒定,肌胸、脑发达,代谢速率极高等

在长期的争论中,科学家们逐渐认同鸟类的祖先很可能是一种能够快速奔跑的小型肉食类恐龙,并总结出六大证据以证明鸟类是由恐龙进化而来的。

在古生物学界,鸟类和恐龙起源问题的争论由来已久。经过长期的争论,科学家们逐渐认同鸟类和恐龙属于同一个祖先,鸟类起源于一种能够快速奔跑的小型肉食类恐龙。以下是能证明鸟类从恐龙进化而来的六大证据。

1.始祖鸟具有典型的恐龙特征

始祖鸟是迄今所知最古老的鸟类祖先。19世纪中晚期,科学家在德国巴伐利亚的石灰岩层中首次发现生活在约1.5亿年前的始祖鸟化石。近年来,古生物学家们发掘了更多的始祖鸟化石,已部分证明始祖鸟和食肉的兽脚类恐龙有最近的亲缘关系,支持了鸟类起源于恐龙的理论。出土的化石显示,始祖鸟的脚与现代鸟类大不相同,更接近于兽脚类恐龙。最明显的特征是它的第二个脚趾可以过度伸展,与小盗龙、鸟脚龙等恐龙的脚部几乎一样;此外,始祖鸟的第一个脚趾向内生长,不像鸟类的脚趾那样向外伸展,而有些类似于人类手掌的大拇指;而且它的颚骨向四方放射生长,有明显的兽脚恐龙遗传特征。科学家们说,这些化石不仅表明鸟类起源于兽脚恐龙,也表明始祖鸟不像现代鸟类那样拥有能攀住树枝的脚趾,因而不会在树枝上栖息。与其说始祖鸟是鸟类,还不如说它更像迅猛龙、恐爪龙等兽脚恐龙。

2.恐龙蛋化石与鸟蛋非常相似

考古学家们从一只雌性恐龙化石体内发现了两只鸟蛋状的恐龙蛋。兽

□始祖鸟

脚亚目食肉恐龙每次可生两只蛋，这一生殖能力恰好介于原始爬行动物与鸟类之间。考古学家们认为，这些蛋是兽脚亚目食肉恐龙产下的，这种类型的恐龙包括著名的霸王龙。另外，考古学家们还认为产下这些蛋的恐龙的祖先可能是鸟类。事实上，新发现的恐龙蛋很可能是某种小型恐龙鸟产下的，它们生活在恐龙向鸟类进化过程中的关键时期。法国考古学家布菲藤介绍说，这些蛋壳显示出恐龙与鸟类的混合特征，它们是由一些开始向鸟类进化的恐龙产下的，而很像鸟的这些小型兽脚亚目食肉恐龙产下了这些蛋的可能性最大，这类恐龙与同时期化石上所表述的一些长羽毛的恐龙类似，但体形要小得多。

3.恐龙和鸟一样由雄性守巢孵卵

某些食肉恐龙，会像某些现代鸟类一样，由恐龙爸爸负责守巢和孵卵等任务。在某些大型不会飞的鸟类中，比如鸸鹋、美洲鸵等，鸟爸爸负责守家和护理孩子是一种正常现象。科学家从3个恐龙巢化石发现"恐龙爸爸"每天负责护理恐龙蛋，并且潜在存在着多配偶制，在恐龙蛋巢中，雄性恐龙很可能同时护理孵化多个雌性恐龙产的蛋。这种雄性参与孵化护理蛋卵的现象，存在于现今90%的鸟类之中，而哺乳动物中仅有5%的物种存在该现象。加拿大卡尔加里大学古生物学家达拉·泽伦尼特斯基说："这项考古研究非常有趣，虽然我们不认为这种现象存在于所有的现今鸟类和远古恐龙物种之中，但这将在很大程度上解释食肉恐龙至鸟类的进化关系。"

4.化石黏性物质证实恐龙和鸟同源

考古学家们在美国出土的一只6800万年前的暴龙腿骨中发现了一些

软组织,这种黏性物质包含有胶原蛋白。科学家们将这些蛋白质与21种现存的生物体蛋白质进行比较,他们发现恐龙胶原蛋白与鸟类的排列形式极为相近。美国哈佛大学的生物学家后来又从另外一块霸王龙化石中提取出了胶原蛋白,经研究后发现这种胶原蛋白与鸡的胶原蛋白最为接近。尽管他们未能获取霸王龙的生命遗传指令脱氧核糖核酸,但他们还是对胶原蛋白中的遗传密码进行了研究。美国的生物学家说,如果有更多数据,他们或许就能够确定霸王龙在从鳄鱼到鸡和鸵鸟的进化树中的位置。

5.恐龙在飞行进化时体形会变小

科学家们认为,在远古鸟类始祖飞向天空之前,它们的体形通常会变小。在蒙古南戈壁出土的大黑天神龙身长接近70厘米,这表明恐龙在发展出飞行能力以前的体形很小。有关鸟类飞行的起源,学术界一直存在两种对立的假说。一种是地栖起源说,另一种为树栖起源说。前者认为鸟类的飞翔是由它们的祖先——恐龙在奔跑、跳跃的过程中逐渐升腾起飞成功的。而后一种假说则认为,鸟类最初的飞行是通过借助树木的高度,先进行滑翔,后逐渐发展产生特有的振翅飞翔的本领的。鸟类飞行的两种起源假说都承认鸟类的祖先具有长长的尾巴,但功能不大相同。地栖起源假说认为它们在奔跑中扇动前肢以增加后肢在地面奔跑的速度,在这一过程中

□霸王龙

它们身体上的鳞片逐步增大伸长,在奔跑、跳跃的过程中,鳞片最终发展成羽毛。

6.恐龙的呼吸系统与现代鸟类似

在阿根廷出土的8500万年前的气腔龙拥有一个气囊状的呼吸系统,该系统可以向其肺部吸气。在现代,只有鸟类才以这种方式呼吸。此前曾有科学家认为,霸王龙的肺部与鳄鱼相似。但美国哈佛大学教授莱昂·克莱森斯的最新研究表明,鸟类的呼吸系统比爬行动物更接近霸王龙。克莱森斯说,从工程学的角度来看,霸王龙等食肉恐龙的肺部系统构造与现代鸟类存在很多相似之处。在陆地以及空中所有脊椎动物当中,它们可能拥有最有效的呼吸系统。克莱森斯对美国、德国和英格兰博物馆内收藏的恐龙化石与现代鸟类骨骼进行了对比。他重点观察其颈部以及胸腔的骨骼后发现,恐龙呼吸系统存在支持高速新陈代谢的潜能。克莱森斯最后得出结论说,尽管恐龙呼吸系统的结构与鸟类的不完全一致,但绝对与鳄鱼的呼吸系统不同。

知识链接

信天翁

鸟类中的长寿者不少,如大型海鸟信天翁的平均寿命为50~60年,大型鹦鹉可以活到100年左右。在英国利物浦有一只名叫"詹米"的亚马孙鹦鹉,生于1870年12月3日,卒于1975年11月5日,享年104岁,不愧为鸟中"老寿星"。

桃花水母再现娇艳

科普档案　●动物名称:桃花水母　●外貌特征:无头无尾呈圆形,晶莹透亮,柔软如绸,身体周边长满触角

　　2003 年,四川两名中学生在河边发现了 3 只非常罕见的有着"水中大熊猫"之称的桃花水母。桃花水母是五六亿年前就出现在地球上的一种低等无脊椎腔肠动物。亿万年后,桃花水母再现娇艳。

　　桃花水母是五六亿年前就出现在地球上的一种低等的无脊椎腔肠动物,由于出现在桃花盛开的季节而得名。亿万年后,桃花水母再现娇艳。

　　2003 年 5 月 4 日,四川两名中学生在河边玩耍时,发现水中有 3 只半透明生物在游动,出于好奇,他们将这 3 只生物捞了上来。经眉山市环保局确认,这是非常罕见的有着"水中大熊猫"之称的桃花水母。这种"桃花水母"对生存的水质环境要求高,几十年前曾在眉山出现过,后来由于环境污染的影响,已极为少见,桃花水母的出现,与环境的改善有很大关系。安徽凤阳韭山国家森林公园的一条小溪里,突然出现很多不知名的微小水生物。在附近开饭店的徐老板像往常一样在店门口的小溪边取水,可是,当他回到店内倒水时,却发现水里面有一些奇怪的东西。被饭店徐老板称为怪物的这些东西只有小拇指盖大小,呈白色透明状,在水中来回蹿动,仔细看,周边还长了很多尖利的触须,让人害怕。不仅如此,常年在此取水的徐老板还发现小溪里面的水质似乎也起了变化。平常这条小溪里面的水总是很清的,但那天却发现水的表面有一层亮亮的油状物,比较脏,而那些不知名的小虫子就是与这些脏水一同出现的。韭山国家森林公园管理处主任胡先雷闻讯赶到了事发地点,对于水体当中这个四处游动的不明水生物,一方面迅速采样向有关部门汇报,另一方面指挥人马将出事的水域隔离了起来,不让任何人接近。因为小溪下面就是凤阳山水库。工作人员仔细排查着

导致这种不明水生物出现的可能性,此时,县里有关部门也正在采取积极的应对措施,送去的水样经检验无毒,但是,依然没有人能够判定它究竟是什么。

从形状上看,它有点像海里的海蜇,但海蜇最小的直径也有几十厘米,而且不会生活在淡水里,那么它究竟是什么呢?紧接着,一个让人惊异的事情发生了,小溪里原本不多的不明水生物突然间呈爆发状蔓延。在小溪里面成片成片的,它的数目是越来越多,越长越大。此时,这种不明水生物的活体样本已经被专人送到了安徽科技学院的实验室,水生物专家崔峰副教授负责鉴定工作,当他看到这种生物时,心中一阵狂喜。这不是淡水当中非常罕见的桃花水母吗?多年来,从来没有听说出现水母。亿万年来,桃花水母以自己独特的生命形成记录着地球生命的发展历程,因此它是进行物种遗传和生物进化研究的好标本,但是,由于自然环境的变化和人类对自然界的改造,桃花水母已经濒临绝迹,按照桃花水母的种类和发现的地域区分,迄今为止我国已在浙江、云南等地共发现过9种桃花水母,但由于桃花水母生命力脆弱,对生存环境要求苛刻,绝大部分只出现过一两次后就再无踪迹。桃花水母对生长的生态环境和水质要求是非常高的,只有条件适宜了,桃花水母才能存活。但是,当天出现大量疑似桃花水母的小溪却浮着一层油膜,看上去远不如平时干净,这与桃花水母习性相悖。

为了弄个明白,崔峰副教授来到了韭山事发的那条小溪,小溪里依然有很多水母。在对水质做了检测之后得出结论:在养殖水体当中,在没有被污染的水体中,这层油膜通常都是由浮游生物组成的,大部分是一些浮游植物,而这些浮游植物又是水体当中浮游动物的食物,水母以浮游动物和其他一些水生动物作为它的食物。这些浮游动物

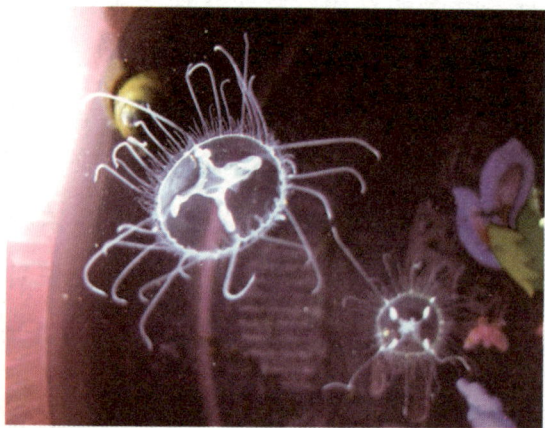

□ "水中大熊猫"

通常是由小线虫、小环虫等组成的，当这种水母遇到食物时，触手上的刺丝囊即射出刺丝，刺中被捕获物，顷刻将其麻醉，以触手送入口中，吞入胃内。

那么桃花水母是如何出现在这里的呢？韭山洞，坐落于韭山南部的地上溶洞，因洞

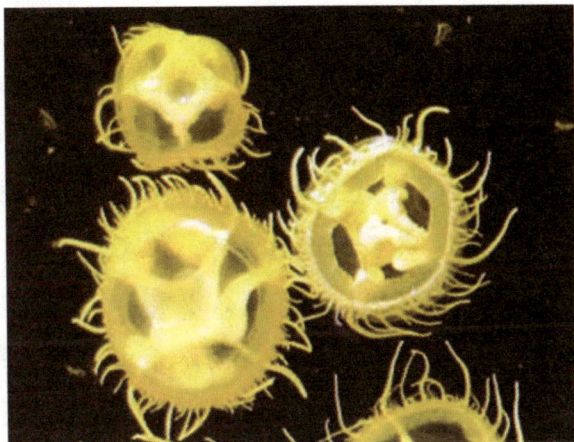
□ 游动的桃花水母

外长满野韭菜而命名，洞内水系发达，景色奇异，是安徽地区少有的喀斯特景观。也就是说在寒武纪、奥陶纪包括石炭纪一部分地层全形成于3亿年之前的海洋环境。当时在3亿年之前，这个地区全都是海洋，后来地层在不断地改变，地质专家向我们描述了韭山洞的形成图景。大约在2.2亿年前，华北大陆发生了一次比较大的地壳运动，这些地壳运动使原来形成的这些地层发生了抬升和褶皱，由于岩体内产生了很多裂隙，随着地表水的渗透和断层处地下暗河河水的涌入，就在韭山洞这个可溶性岩石当中形成了一个溶洞，而这样的地质变迁倒是与桃花水母的演化进程十分吻合。

生命都是起源于海洋当中的，这些生命体会逐渐向陆地中进化，桃花水母逐渐进入淡水以后，适应了淡水的环境，就逐渐演化形成了我们今天所见到的淡水桃花水母，也就形成了完全的一个淡水种类。在崔峰随后对洞内水体的检测中，发现除了洞内水体温度略低于洞外，其他条件都与洞外的水系相同。据此，崔峰做出了判断：桃花水母的出现与韭山洞是有直接的关系，因为它们是同一个水系，韭山洞水母是从韭山洞洞口水系流下去的。可是，如果说桃花水母是源自韭山洞的话，那为什么十几年来人们却没有在洞中发现桃花水母的任何踪迹呢？在桃花水母的一生当中，它还有另外一个阶段，就是水螅体阶段。水螅体是桃花水母的另一种存在形式，个体极其微小，在水体中用肉眼很难发觉，在外界环境不利于发育成水母个体的情况下，桃花水母将以水螅体的形式长期存在。水螅体对环境条件要求

比较低，在不良的环境里，水螅体能够生存，或者说桃花水母可以依靠水螅体使得这一个物种得以延续，但是当外界环境条件非常适宜的时候，桃花水母就会大量出现。足够的光照和温度是水螅体发育成桃花水母的必要条件，由于洞内缺乏这些条件，所以这些水螅体流出洞外时，遇到适合的温度和光照就促成了水母的发育。在风力作用下，水母在水库中慢慢聚集，从而形成一个巨大的群系。那么以前为什么看不到桃花水母呢？这与当时的风向有关系。小溪流向水库的水是由南往北来，将大量出现于水库泉眼的桃花水母吹向了小溪，又由于受到小溪相反水流的阻挡，从而淤积在了那一段小溪里。但是，这也只是一种推断。

桃花水母作为生物进化过程当中的一个独特物种，在进化史上的地位一点都不比大熊猫差，而且作为一种独特的基因保留的品种，它对于我们今后研究的学术价值，意义非常深远；同时，作为一个珍贵的濒危物种，能够突然大量出现在世人眼前，这本身就是一个奇迹。除了天气好的原因之外，最重要的原因就是因为凤阳韭山水库的水质逐年变好，这才是一个决定性的基础。桃花水母小巧玲珑，晶莹透明，在水中游动时，状如漂浮在水面上的桃花，具有很高的观赏价值。

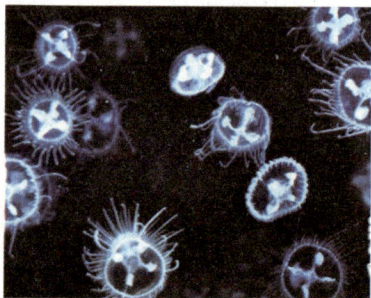

知识链接

桃花鱼

桃花水母为世界的稀有动物，出现时间一般较短，故难于发现。由于它们多在早春桃花盛开时节出现，有的为粉红色，在水中游动，状若漂浮在水面的桃花花瓣，因此，我国古代称它们为"桃花鱼"。但又明确指出，桃花鱼"非鱼也，生于水，故名之曰鱼；生于桃花开时，故名之曰桃花鱼"。

世界最古老的龟

科普档案 ●动物名称:半甲齿龟 ●形体特征:上下颌具有牙齿,无背甲,颅骨上眼睛之前的部分较长等

中国古生物学家在贵州省关岭县距今2.2亿年前的晚三叠世早期地层中发现了一个迄今为止最古老的龟类化石,它不仅把龟的历史前推了1000多万年,而且解开了一个长期困扰科学界的谜团:龟甲是怎么形成的?

中国科学家找到明确的化石证据证明,随着椎骨和肋骨的扩展,龟甲是自下而上形成的,而不是来自皮肤演化。中国古生物学家发现了一个迄今为止最古老的龟类化石,它不仅把龟的历史向前推进了1000多万年,而且解开了一个长期困扰科学界的谜团:龟甲是怎么形成的?

这块保存完好的化石,是在贵州省关岭县距今2.2亿年前的晚三叠世早期地层中找到的。与现在已知所有的龟类不同,这个"最老"的龟长着牙齿,背部的甲壳也不完整。因此,被命名为半甲齿龟。此前没有人知道龟壳

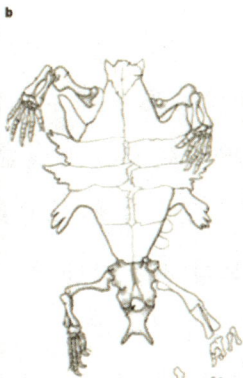

□半甲齿龟化石及其复原图

是如何进化的,但它不可能突然出现。

1.不寻常的龟甲

龟是一种很常见的动物,没有人觉得它们奇怪。但在李淳眼里,龟太特殊了,"它是生物进化史上最大的谜团。"他说,所有的四足动物不论是两栖类、爬行类,还是鸟类、哺乳类,尽管形态千奇百怪,但骨骼的基本模式是一致的。一根脊椎骨,前端是头、后端是尾,两侧是四肢。这就好比各式各样的汽车,不管是小轿车、大卡车,还是跑车,都是一个铁皮盒子加四个轮子。唯独龟例外——它的背部是一整块骨骼。在这位生物学家看来,龟与其他四足动物的差别"就好比缆车与汽车的差异那么大"。龟甲由坚硬的背甲与腹甲闭合而成。背甲是一大块最外层覆盖着角质盾片,厚度不足人的指甲的骨骼,包括中间一行椎板和两侧若干块肋板,俗称"龟13点"。如果解剖一只龟,会发现背甲下就是内脏,椎骨和肋骨已分别插在椎板和肋板里,并与之完全结合。之所以龟的特殊不被世人所知晓,李淳认为是因为它"太普通了"。他说,假设龟很早就灭绝了,没有人见过。那么,现在哪怕是发现一块最普通的龟化石,如果有人提出它不是地球上的物种,这个推论也不过分,"因为它与其他动物差异太大了"。

2.废石料中翻出"缺失的环节"

很多古生物学家都认可龟的特殊性,但很少有人对此进行研究,因为原始龟的化石太少。在这之前,三叠纪时期的龟类化石仅在德国、泰国和阿根廷发现过3个属种,但它们都已经与现代龟类非常相似——上下颌没有牙齿,全身包裹着甲壳,因此无法为龟甲的起源提供线索。此次,发现半甲齿龟化石的贵州西南地区,近年来出土了大量的三叠纪海生爬行动物化石。三叠纪距今两亿多年,当时这一地区还属于海洋的一部分。当地百姓时常进山开采石料,也经常发现埋藏在岩石中的动物化石。据说,中国第一块三叠纪海生爬行动物化石——"胡氏贵州龙"就是中国著名地质学家胡承志1956年在老乡家房顶上找到的。

2007年,在当地考察的李淳,也是在老乡屋前的一堆废石料中翻出了半甲齿龟化石。看到化石的第一眼他就知道这里面包裹着的是一种他不知道的生物化石。但从小喜欢养龟的李淳此时并没有意识到化石是龟，此前他也没有真正研究过龟。带回北京后，在实验室专业设备射出的强光下，李淳隐隐约约看见化石里有一大片骨头。"他当时推测，只有两种可能，要么是一种新的齿龙，要么就是龟。"

紧张的修复工作开始了。李淳至今仍清楚地记得标本第一个结构修复

□龟化石

出来时的情景。"是左后肢最末端的一个指节，细细的、弯弯的。"这让他进一步推断"是一种龟，而且很可能是一种迄今为止最原始的龟"。在这之前，人们认为在德国发现的原颚龟是最古老的龟，它生活在距今2.1亿年前。整个标本修复出来后，最古老的龟已经确认无疑了，但过渡特征却并不明显。正当李淳犹豫是否继续修复化石的另一面时(这很可能会损坏化石)，一个朋友通过手机给他发来一张化石的照片，这块化石正是他想要的半甲齿龟的背面。当半甲齿龟完整的背面结构清晰地呈现在李淳眼前时，他"脑子里一片空白"。"这不正是达尔文理论中的'缺失的环节'吗？背甲的椎板已开始骨化，肋板尚未形成，但肋骨明显扁平加宽，一切都那么完美。"

3."始祖龟"揭示龟甲形成

自19世纪以来，科学家们一直在争论龟的甲壳到底是怎么形成的。以前占主导的一种说法认为，龟甲是由皮肤中的小骨板演化而成的。按照这种理论，龟类祖先的皮肤里先出现一些小的骨板(类似鳄鱼的皮肤)；这些小骨板不断扩大，融合成若干较大的骨板；同时，大骨板下沉到内骨骼上部，与脊椎和肋骨愈合形成龟甲。与之相对的理论则认为，龟先有腹甲，然后椎骨和肋骨长大长宽形成背甲，龟缩进背甲躲避食肉动物。半甲齿龟的

背甲尚不完整,而腹甲已经成形。这项研究的参与者之一、加拿大自然博物馆的古生物学家吴肖春说:"现在有明确的化石证明,随着椎骨和肋骨的扩展,龟甲是自下而上形成的,而不是来自皮肤。"

有评价说,半甲齿龟在龟类进化中的地位就如同鸟类中的始祖鸟,是目前研究物种进化过程中极度缺乏的中间环节。另外,通过对半甲齿龟各部分骨骼的数据分析,李淳得出"它曾生活在水中,而且对水环境的适应程度与今天的鳖(甲鱼)大致相当"的结论。李淳推测,生活在水里,动物的腹部容易受到攻击,这或许也是为什么先有腹甲后有背甲的原因。美国芝加哥市菲尔德自然博物馆的奥利维尔·里佩尔也参与了半甲齿龟的研究,他说生活在陆地上的爬行动物腹部靠近地面,基本没有危险。

李淳一直认为龟类起源于水环境,而不是陆地,这也与传统观点截然相反。生活在水里的半甲齿龟,让他非常兴奋,"因为它是最古老的龟"。

📖 知识链接

龟类动物

龟为陆栖性动物,四肢粗壮,有坚硬的龟壳,头、尾和四肢都有鳞,头、尾和四肢都能缩进壳内。中国常见的种类有乌龟,龟壳可熬制成龟胶,是常用的中药。有时,人们把龟鳖目的棱皮龟科、海龟科动物也统称为龟类动物。

海洋天使——海豚的进化

科普档案 ●动物名称：海豚 ●特征：本领超群，聪明伶俐，大脑是海洋动物中最发达的，可终生不眠

海豚是由陆生哺乳类演化而成的，约在5000万年前回到海中生活。它们是体形较小的鲸类，共有60多种，分布于世界各大洋，主要以小鱼、乌贼、虾、蟹为食。海豚是一种本领超群、聪明伶俐的海中哺乳动物。

海豚，是由陆生哺乳类演化而成的。现在的海豚骨骼中，位于骨盆处有两只棒状的骨头被认为是退化的后肢。它们约在5000万年前回到海中生活。

在鲸类王国里，要数海豚家族——海豚科的种类最多了，全世界已知共有30多种。有的种类虽名叫"鲸"，如虎鲸、伪虎鲸，其实也是海豚家族中的成员。海豚一般指鲸目齿鲸亚目海豚科成员，白鳍豚是河豚科的，严格来说不是海豚。海豚科是鲸目中种类最多也是人们最熟悉的一科，其成员的体形和习性有一定的差异，可以分成几个不同的亚科，也有人分出不同的科。海豚科成员多数体形较小，包括体形最小的鲸类，以鱼或软体动物为食；也有些体形较大，可以捕食其他海兽。海豚科从外形上可以区分为长喙、短喙和无喙的，背上多数有背鳍，也有少数无背鳍。海豚科成员在热带沿海最为丰富，但是在其他各海域

□海豚

□海洋的精灵

也能见到，有些则可深入河流中。海豚科中最著名的成员当属宽吻海豚，即常在海洋馆进行表演的海豚。宽吻海豚分布广泛，各大海洋的沿海和远洋均有分布，不同成员彼此有一定区别。有人将其分成几个不同的种类，其中有些宽吻海豚体形较大，体形最大的是喙海豚。海豚科另一个著名的成员是逆戟鲸，逆戟鲸又称虎鲸、杀人鲸，是海豚科体形最大的种类，也是所有海兽中最凶猛的。逆戟鲸和宽吻海豚一样分布广泛，也被用来驯化表演，逆戟鲸中不同的群体食性不很相同，除了著名的以其他海兽为食的种群外，还有一些以鱼和乌贼等为食。海豚科中进入淡水生活的成员以亚马孙白海豚为代表。亚马孙白海豚体形很小，是最小的长喙海豚，外形似较小型的亚马孙河豚，但是更喜欢比较开阔的水域，不像亚马孙河豚那样会进入水淹森林中。

　　海豚的生活习性体现出它是在水面换气的海洋动物，每一次换气可在水下维持二三十分钟，当人们在海上看到海豚从水面上跃出时，这是海豚在换气。同时，海豚的栖息地多为浅海，很少游出深海。它们会在不同的地方进行不同的活动，休息或游玩时会聚集在靠近沙滩的海湾，捕食时则出现在浅水及多岩石的地方。海豚是一类智力发达、非常聪明的动物，它们既不像森林中胆小的动物那样见人就逃，也不像深山老林中的猛兽那样遇人就张牙舞爪，海豚总是表现出十分温顺可亲的样子与人接近，比起狗和马来，它们对待人类有时甚至更为友好。海豚救落水的人的故事，我们听了很多很多，海豚与人玩耍、嬉戏的报道也常有所闻，有的故事甚至成为轰动一时的新闻。经过学习训练的海豚，甚至能模仿某些人的话音。20世纪70年代，美国的3位科学家，让两头海豚学会了25个单词。新近，太平洋海洋基金会的欧文斯博士等4位科学家，对两头海豚进行训练，花了3年时间，教会它们700个英文词汇。不过有些科学家认为，不能把动物的"语言"或"方言"描绘得太离奇。

不过海豚确实具有与众不同的智力。它的大脑体积、质量也是动物界中数一数二的。目前，科学家对动物的智力有两种不同的见解：一种认为黑猩猩是一切动物中最进化、最能干的；另一种却认为海豚的智力和学习能力与猿差不多，甚至还要高一些。因而有人称海豚为"海中智叟"。为了证实海豚有学习能力，早在1959年，一位名叫利利的人就对一头海豚做过试验。他把电极插入海豚的快感中枢和痛感中枢，当电流通过电极刺激海豚的快感中枢神经或者痛感中枢神经时，会产生快感或痛感。然后训练海豚触及其头上的金属小片，控制电流的通断。如果电极插在海豚的痛感中枢，海豚只要训练20次就会选择切断电源的金属小片，使痛感消失。而换作猴子的话，则需要数百次训练才能学会控制开关。这说明在某些方面海豚有更强的学习能力。

海豚是人类的朋友，它们十分乐意与人交往亲近。澳大利亚蒙凯米海滩的海豚们已经与人类建立了友谊，给人们带来了莫大的欢乐和惊奇。也许将来有更多的海豚，在更多的地方与人类建立联系，这种愿望并不是什么幻想。随着人们对海豚研究的深入，我们会揭开更多的关于海豚的秘密，那时我们与海豚交往会更加容易,更加亲密,更加友好!在水族馆里,海豚能够按照训练师的指示,表演各种美妙的跳跃动作,似乎能了解人类所传递的信息,并采取行动,人们不禁惊叹这美丽的海洋动物竟如此聪明。那么,海豚的智慧和能力究竟高到什么程度?它们和人类之间的相互沟通有没有日益增进的可能?从海豚脑部的构造及生态特性看,应该是人类认真思考地球智慧生命进化关系的时候了。

海豚能做出各种难度较高的杂技表演动作,显然是一种相当聪明的海洋动物。但是海豚实际上的智力情况如何呢?心理学上,"智力"一词大致包含三种意义:一是对于各种不同状况的适应能力;二是由过往经验获取教训的学习能力;三是利用语言或符号等象征性事物从事"抽象思考的能力"。根据观察野生海豚的行为,以及海豚表演杂技时与人类沟通的情形推测,海豚的适应及学习能力都很强;但目前尚无法证明海豚运用语言或符号进行抽象式的思考。不过即使没有科学上的确凿证据,也不能就此认为

□海豚能做出各种难度较高的动作

海豚没有抽象思考能力。倘若海豚真的具有抽象思考能力，那么它究竟是如何运用这种能力？而其程度又是如何？这些都是饶有兴趣的问题。但现在，想找出这些问题的答案并不容易，因为即使是人类所拥有的智慧，也还有许多未知之处。

虽然海豚与人一样都属于哺乳动物，但因生活的环境不同，相互接触的机会不多，故人类对海豚潜在能力的了解是很有限的。那么，人类究竟是采用何种方法来研究并探索海豚的智能呢？目前，大多数都采用下列两种方法：一是根据海豚解剖学上的特征，来推算海豚的潜在能力；二是实际观察野生海豚的行为，并从其行为目的与功能方面着手，推测其智慧的高低。

知识链接

海豚音

海豚音，顾名思义，就是指一些像海豚一样发出的在人类听频范围外的高音调超声波。当然，人是无法发出超声波的。所以，海豚音用来泛指人类发出的极高的音调。海豚音也是至今为止人类发声频率的上限。海豚音这个词是非音乐人士创造出来的新词，而非声乐上的名词。

大自然的恩赐——鹿

科普档案　●动物名称:鹿●分布区域:美洲及亚欧大陆等地●形体特征:四肢细长、尾巴较短,雄性体形较大

鹿科动物是哺乳类动物中最富有价值的种类。自古以来,帝王、贵族及一般百姓,都把"狩鹿"作为一种兼具体育性、社交性、娱乐性以及实用性的重要活动;而对一般人来说,猎鹿主要是着眼于经济价值,因为鹿全身都是宝。

通常只有公鹿长角,驯鹿是唯一一种公鹿和母鹿都长角的鹿,但母鹿的角要小得多。在每年冬天,公鹿的角都会脱落,到春天开始长出新的角,那时鹿角会覆盖着一层皮,叫作鹿茸。当鹿角成型时,鹿茸就会脱落。母驯鹿的角是在春天脱落的。另外,麝和獐无论是公的还是母的都没有角,它们用长长的獠牙去自卫。公鹿既有獠牙也有角,而母鹿既没有獠牙也没有角。

雪是鹿最大的敌人之一。如果雪并不是很大那倒没什么的,但当雪变得非常厚时,它们就很难找到食物,因为雪都把食物盖住了。另外,虽然鹿跑得很快,但由于有些鹿的体重可达300千克,当它们跑时就会陷到雪中,减慢它们的速度。仅50千克的狼便很容易地追上它们。不像大多数动物,鹿没有固定的家。对鹿来说,所谓的家就是地盘。夜晚它们就睡在灌木丛中。在冬天时,当鹿的地盘覆盖着厚雪时,它们就会再找一个雪相对较浅的地盘。当很多鹿都选这个地盘时,它们就会分地盘。

总的来说,鹿科动物是哺乳类动物中最富有价值的种

□美丽的鹿角

□梅花鹿

类。它的价值是多方面的。自古以来，帝王、贵族及一般老百姓，不论中外，都把"狩鹿"作为一种兼具体育性、社交性、娱乐性以及实用性的重要活动。在古代的记事中，"狩鹿"总是占有重要地位。连孔子所定六艺之一的"射"，也和"射鹿"有关。中国古代射猎的，主要是麋鹿，即四不像，到清代康熙、乾隆时是马鹿和驼鹿。对一般人来说，猎鹿主要是着眼于经济价值。鹿全身都是宝，鹿茸、鹿胎、鹿鞭、鹿尾、鹿筋、鹿肉、鹿脯等，无一不是药材或补品，另外还有几种鹿的毛皮，可制为高级衣物或皮革。驯鹿更具有广泛的用途，例如拉雪橇、驮东西、挤奶等。近年来驼鹿和梅花鹿有家畜化的倾向。正是由于鹿的经济价值这样高，所以人们猎得很多。麋鹿作为一种野生动物，几乎在一两千年前就已灭绝了。梅花鹿由于鹿茸质量最优，所以在几十年前人类已将山西、河北两个亚种的野生种打绝，另外华南、东北、台湾三个亚种也所剩无几。其他鹿种也有类似情况。现在国家固然已将绝大部分鹿种列入保护动物名单，但在野外尚未受到严格的保护。有些稀有种，例如海南岛

□麋鹿

的坡鹿、华南的梅花鹿、西双版纳的豚鹿等，仍然处在濒危的边缘，中国是世界上产鹿种类最多的国家。属于鹿科的动物，全世界共有17属，38种，其中有10属、18种在中国曾经产或现在仍产。这就是说，中国产的鹿占世界鹿属的一半以上，占世界鹿种的将近一半。相比之下，俄罗斯的国土面积比中国大1倍多，但只有5属、6种；美国和加拿大的国土面积和中国大小相近，各只有4属、5种；印度的国土面积固然没有中国大，但印度素以鸟兽种类"最丰富"著称，却只有鹿属4个、鹿种8个，仍远不及我国。更应指出，这4个国家，谁都没有一个特有属或特有种的鹿科动物，可是在中国产的鹿科动物中，至少有一个鹿属是特有属，有麋鹿、白唇鹿、毛额黄麂、小黄麂或再加上林麝等四五个种是特有种。另外还有黑麂（毛冠鹿）和河麂（獐子）2属2种，除缅甸和朝鲜各产少数外，中国的鹿属分布既广，数量又多，所以基本上可视为我国的特产动物。

四不像就是麋鹿。麋鹿是古书上的名称，四不像则是民间的俗名。《封神演义》里讲到过四不像,说这是武王伐纣大军主帅姜子牙的乘骑。小说把四不像描述成"麟头豸(zhì)尾体如龙",这当然与真实形象相去十万八千里。但这书中所说并不是纯粹出自想象。从化石资料可以知道,武王伐纣的时代,正是麋鹿最为繁盛的时代。长江南北出土的麋鹿化石,以商末周初最为丰富,之后逐渐稀少,周朝以后更急剧减少,到秦汉时代已变得极少了。有人认为,麋鹿作为一种野生动物,可能在汉朝时就已经灭亡了。但也有人考证说,直到明朝,甚至清初,在长江以北的苏北地区,还有残余的麋鹿生存,只是数目已微不足道了。在动物学史上,关于麋鹿的现代叙述是从1865年开始的。一个住在北京城里的法国神甫通过种种渠道,结识了皇家猎苑北京南海子的守卫人员,干了一桩盗买盗卖麋鹿标本的勾当,在1866年1月弄走了两张鹿皮和两个鹿头。鹿头和鹿皮被送到巴黎,很快便引起欧洲各国动物学界和自然爱好者的巨大兴趣。各国动物园纷纷找路子,都想得到它。从1866年到1876年的10年间,英、法、德、比等国驻清使节和教会人士,通过明索暗购种种手段,陆续从南海子猎苑搞到几十只麋鹿,运回国展览。从此中国的"四不像"遂名扬四海。我国特产动物中,最闻名于世的,人们都说是大熊猫,殊不知麋鹿扬名海外,还远在大熊猫之前。

从19世纪70年代到20世纪初,这二三十年间,麋鹿的遭遇是悲惨的。作为当时世界上唯一种群的北京南苑的南海子种群,连遭打击与浩劫。1894年永定河决口,洪水冲破了猎苑的围墙,逃出来的麋鹿和其他动物,被灾民吃去不少。接着在1900年,八国联军侵入北京,猎苑里的兽群全部被杀光。据说还剩下一对,养在一处王府里,至此,中国特产动物四不像,在国内完全灭绝。这时欧洲各国动物园里还剩下18只麋鹿。英国有一位贝福特公爵,素爱豢养动物,他花大价钱,把这18只全部买回,养在他的庄园里。麋鹿在里面繁殖顺利。结果,本来是中国的特产动物,中国却一只也没有了,中国人想要看它一眼,却不得不到国外去看。可见即使是一种动物,它的命运也是同祖国的兴衰荣辱息息相关的。

在英国的那群麋鹿,历经两次世界大战,幸运地保存下来,而且逐渐增多,到1948年已增至255头。1956年春,伦敦动物学会派人将两对年轻的麋鹿送到北京。于是,时隔50余年,中国人民重新见到久闻其名但无缘相见的"四不像"。由于饲养环境不适合它们的特殊要求,未能顺利繁殖后代。1973年底,英国朋友又送来两对年轻的麋鹿。1984年春,国内的麋鹿总数是12头,其中雌雄各6头,有9头在北京动物园,其余3头分别在上海、广州和保定的动物园。而外国动物园中所饲养的麋鹿总数,据1982年的调查,已超过1100头了。所有这些麋鹿,全部是百余年前弄出国去的那几十只的后代。

中国没有真正野生的驯鹿。鄂温克族人所豢养的驯鹿,估计现有1000多头,不知当初是从哪儿得来的。它们与西伯利亚及北欧各少数民族养的驯鹿,习性上基本相同,都是属于半饲养、半野生的状态。日间大都任其跑到山野间自由觅食闲逛,晚上跑回村里过夜。有需要时,就把它套上拖雪橇,驮东西,挤鹿奶,甚至宰杀剥皮、割肉、炼油。寒带少数民族需要驯鹿,正好比青藏高原上的人需要牦牛一样。

📖 知识链接

"假四不像"

除了麋鹿是货真价实的四不像之外,我国民间还把另外几种动物也叫"四不像",称之为"假四不像"。包括大兴安岭鄂温克人蓄养的驯鹿;大兴安岭南部的驼鹿,又名麋;湖南南部产的黑鹿或水鹿;安徽黄山一带产的苏门羚,又名鬣羚。

犬类王者藏獒

科普档案 ●动物名称:藏獒●分布区域:青藏高原高寒地带以及中亚平原地区●概貌:冷漠、聪明,威严,敏捷

　　藏獒,又名藏狗、蕃狗,产于中国青藏高原,是一种高大、凶猛、垂耳的家犬。藏獒性格刚毅,力大凶猛,野性尚存。护领地,护食物,善攻击,对陌生人有强烈的敌意,但对主人极为亲热。是看家护院、牧马放羊的得力助手。

　　一个纯种的藏獒一生是悲惨的,它注定没有兄弟姐妹,没有感情,只有对主人的忠诚。西藏獒犬原产中国西藏,也有人说其祖先是马士提夫犬。该犬种目前仍散居在靠近尼泊尔及西藏高原的地区内,而且一直为当地居民守护着家畜及村落。西藏獒犬属大型犬,长相头部大而方,颌面较宽,黑黄

□发怒的藏獒

□藏狗

色的眼睛。耳末端稍圆低垂,耳部披毛短而柔顺。体格强健,四肢发达,尾巴高扬并卷曲于背上。颜色以黑为多,也有黄色、白色、青色和灰色等。性格刚毅忠诚,凶猛有力,善于攻击敌人。听见其震撼的吼吠声,熊和豹都会避其三分。马可·波罗曾形容该犬"拥有如骡般的高大体魄,犹如狮子般雄壮的声音之犬"。

　　西藏獒犬因体形大,需要较大的活动空间和运动量,脾气暴躁,不适宜一般家庭饲养。藏獒出生时,与一般藏狗并无两样,目光温存,黑毛茸茸,摇头摆尾,憨态可掬。它断奶之后,主人在当院挖一方形石坑,置其于内。这坑即使它憋足了劲,也刚刚能扒着边沿,探头瞄一眼坑外的世界,瞬间便又落回坑底。而喂它的食物为一小块生肉,仅够维持生命而已。幼小的藏狗忍受着饥饿和地狱般的围困,沐浴冰霜雪雨或烈日的暴晒。它唯一能够得到些慰藉的是坑底还比较宽阔,跳不出但可以在坑内打着圈圈溜达。日复一日,它渐渐长大。而圈养着它的石坑却逐渐在缩小,加深。这使它的性情越发狂躁,目光中的温存减少,光滑坚硬的石壁被它的双爪刨出深深的石槽。终于有一天，主人将它套出了石坑。不过，此刻它还不能够被称为藏獒，因为还远未达到凶残的地步。它被主人带到4000米以上的野山雪域，等待它的是更深、更窄、更滑、更湿的石井。在这口石井里，主人除去继续喂着它赖以生存的几块生肉，不再像以前那样日夜守护。而是任凭残暴成性的雪狼整日围着石井嚎叫，双爪搭在井沿，两眼射出阴森、欲得不能的毒光。起初，藏狗孤苦无援，在恶狼的威逼之下，会惊恐地将头深深地埋下。可是，当群狼绕着石井高嚎低叫久久不去的时候，出于本能它会跃起、狂吠，欲求一生。严寒和风暴，则催生着它的皮毛变厚，变得坚硬，像雪狼一样毫不畏惧严酷的大自然。在这人为的残酷的炼狱中，藏狗的兽性逐日增添，阴冷、残暴、好斗、顽毅，被驯养出最为惨烈的征服欲。经历磨炼的藏狗再次被从石井里套出，它回归了自然，但仍未获得完全的自由，生存的境况更为险恶。它被主人放置于成群藏狗的围攻之中。这些藏狗已视它为另类，以众欺寡，围着圈子步步紧逼，它唯一的生路就是搏斗，用它沉闷威猛的吼声，险诈凶暴的目

□雪狼

光，猛伸出去可以捅进石壁半寸深的前爪和因为困厄狂躁而磨砺出的异常坚利的牙齿。它往往会寡不敌众，满身被撕咬得伤痕累累，血迹斑斑。而每当危及性命，守在一旁的主人则会"挺身而出"赶跑群狗，喂它几块新鲜的雪狼肉，引诱它掉进另一口陷阱，那就是令它食狼肉成瘾，视雪狼为天敌。不待伤愈，它再次被主人置于群狗的攻击之中，搏斗、撕咬、流血，直至有一天，无论多少藏狗，只要一听到它低沉的怒吼就会落荒而逃。最后，主人再提来一只雪狼，让它们生死相搏。这时，狗性消失殆尽的它，方脱胎换骨，成为一只真正的藏獒。

兽性被驯养到极致的藏獒，驰骋在漫无边际的雪域，威风凛凛，凶顽勇猛，除却主人外不亲近任何人，且唯以追逐雪狼享用其血肉为乐事。有它守护牛羊，主人完全可以在和煦的阳光下，哼着藏歌，眼望悠悠白云，尽情享受大自然的恩赐。因为在西藏的雪线以上山区，除了偶尔出现雪豹，唯有雪狼才是随时都会侵犯牛羊且防不胜防的野兽。藏獒与虎、豹、狮一样，其格斗捕杀特点为：猛扑上来，用嘴和利牙直接封喉，封喉后就死咬住不松口，直到对方毙命。普通犬类的攻击一般是咬对方的腹部和腿。20世纪70年代，西藏边防工团的张副团长就曾亲眼看见一只大藏獒在两分钟内，就将一匹部队战马的喉管咬断毙命。中国古代，很多从边疆返朝的武将、王孙公侯都将藏獒携往京城做护院之用，或者作为朝贡品。而藏獒在欧洲古罗马时代的斗技场中，因其能与虎、狮、豹等凶猛野兽搏斗，而驰名世界。另外藏獒虽然对敌人如此凶狠，可它对自己的主人却非常忠诚与温顺。对敌兽的凶狠，也正体现出了藏獒对主人的忠心。

藏獒之所以珍贵，并不完全是因为它稀少，而主要因为它是唯一保留了食肉动物犬类的原始特征的"家犬"！它与其他狗的身体差异在于牙齿。一般的狗由于长期进化，它的臼齿已经变成了杂食动物的碾磨臼齿，而藏獒虽然也会进食非肉类食物，但它却保留了食肉动物特有的切割臼齿，这才是它真正珍贵之处。严格地说，藏獒应属于肉食动物而非杂食动物。了解杠杆原理的人都知道臼齿的咬合力是犬齿的3~5倍，而一般的家犬由于臼齿的变化，它们的攻击武器只有咬合力相对较小的犬齿，而藏獒却拥有强劲的切割白齿,当它用犬齿咬住猎物后,就会换用白齿咬碎猎物。加上藏獒强壮的身体和爆发力,所以犬学人士认为现今没有任何犬类能够抵御成年健康藏獒的攻击。

另外,现在所说的优良藏獒也并非真正的纯种藏獒,只有拥有切割白齿的藏獒才是真正意义的藏獒。许多书和养殖场把藏獒和藏狗混为一谈,两者样子虽相像,但藏狗却与其他狗一样,只有碾磨白齿没有切割白齿。另外,现在国内已知纯种藏獒 12 只,国外 37 只,全部在研究机构,其余都是非纯种。

📖 知识链接

藏獒别名

藏獒又名蕃狗、多启、大狗,古称苍猊犬等。产于西藏。标准的纯种藏獒多见于广大牧区,有狮头型、虎头型之分。藏獒骨架粗壮、体魄强健、吼声如雷、英勇善斗。属于护卫犬种,具有王者的霸气和对主人极其忠诚的秉性。

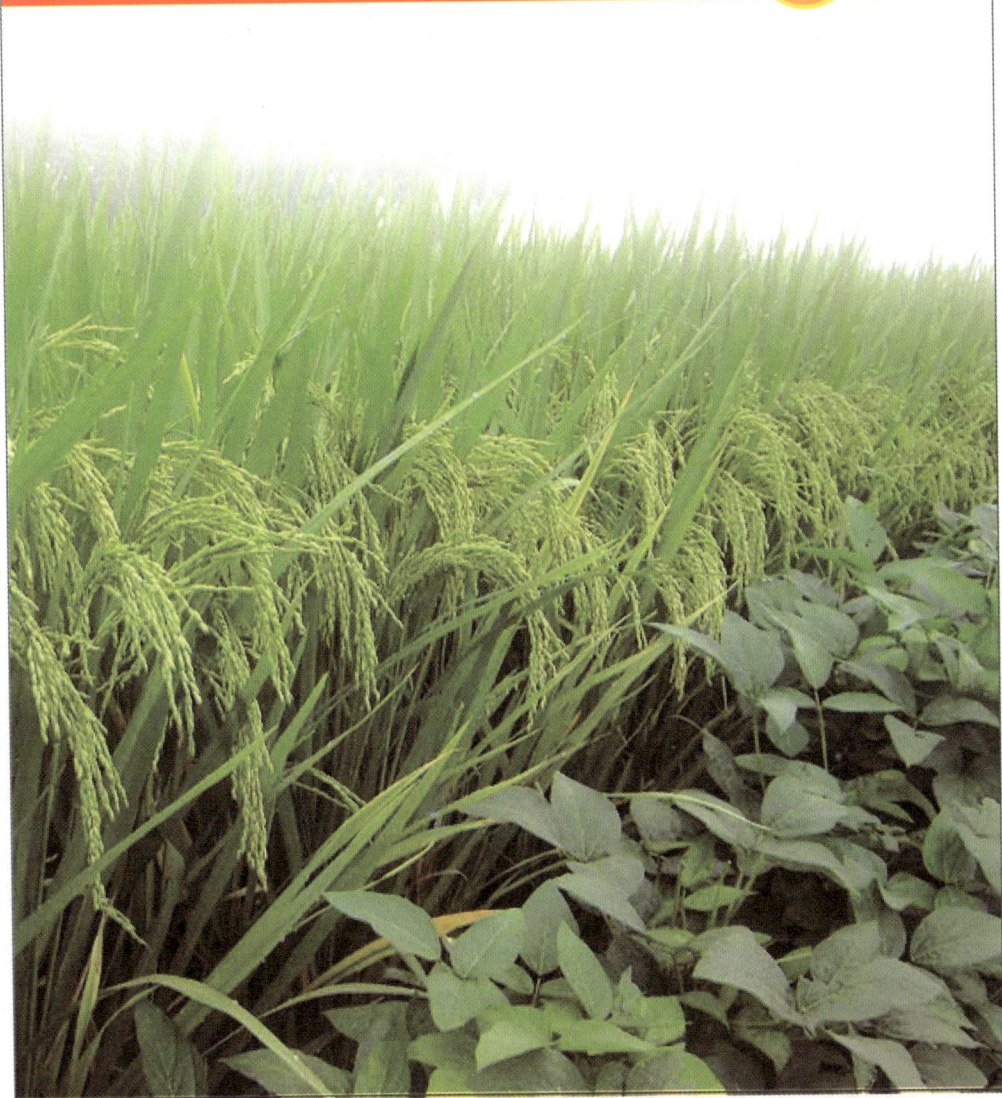

生物技术发明

□解读生命的生物传奇

第 2 章

胰岛素的发明

科普档案 ●**名称**:胰岛素●**发现时间**:1921 年●**功能**:调节糖、脂肪、蛋白质代谢,治疗糖尿病、消耗性疾病等

20 世纪 20 年代初, 加拿大安大略省西医学院的青年教师班廷经过反复试验, 提取出正常胰脏的胰岛素, 并成功应用于临床治疗, 从而为人类战胜糖尿病做出了巨大贡献。

糖尿病这个名字大家一定都不陌生,它是这样一种病:患者不管喝多少水,仍会觉得口干舌燥,而且排尿量也剧增;不论吃多少食物,其体重都不会增加,反而会急剧下降,消瘦乏力,直至死亡。患者的尿中有淡淡的甜味,这说明尿中含糖,所以这类病人的尿液会招引小虫子,因此在人类历史上这种病最早被定名为糖尿病。

过去,糖尿病是一种令人胆战心惊的可怕疾病,可是现在,人们对糖尿病的惧怕不再那么严重了,因为糖尿病已经不再是一种不治之症,这一切都应该归功于加拿大的两位年轻人:班廷和白斯特,因为他们发现了胰岛素,从而拯救了许多糖尿病人的生命。

胰脏作为一种器官,兼有内外分泌两种功能,它的外分泌物是胰液,含有分解各种营养物质的酶,如胰蛋白酶、胰脂肪酶、胰淀粉酶等。它的内分泌物是由岛状组织细胞(即胰岛)所分泌的,这些胰岛散布于胰脏的外分泌组织中。班廷是加拿大安大略省西医学院的青年教师,但他只知道胰脏与糖尿病有关,切除动物的胰脏会引发糖尿病和昏迷等症状,一两周内动物必然死亡。他反复思考:糖尿病患者血液中的糖分为什么与众不同,为什么不能转变为身体需要的燃料而加以利用,使之变成热能呢?

有一天,班廷偶然在一篇论文中得到灵感。论文中说:如果阻塞胰脏通向十二指肠的导管,就有可能引起胰脏萎缩。班廷就想:结扎狗的胰导管,

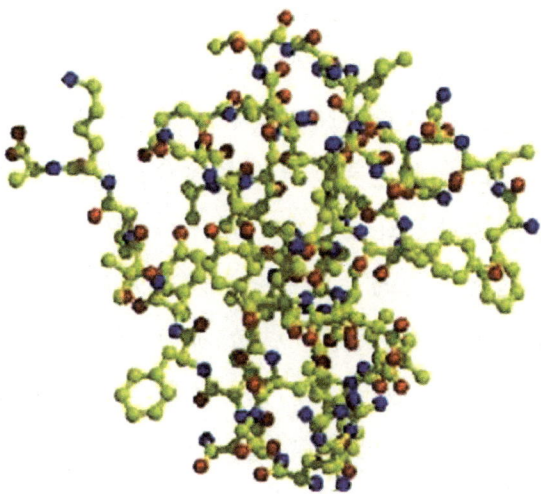

使其胰脏外分泌组织（即腺泡）萎缩，只剩下内分泌组织（即胰岛）以后，再试图分离出胰岛素以治疗糖尿病。这个新的设想让班廷十分兴奋，他决定实施这个实验。几经周折，班廷找到多伦多大学生理系的麦克劳德教授，以求得这位有名的研究糖代谢专家权威的支持。

然而麦克劳德教授却没有对此多加重视，他认为曾经有多少有名望的科学家在提取胰岛素的过程中都失败了，而眼前这个年轻人只有肤浅的科学知识、毫无研究经验，他的设想怎么会成功呢？虽然没有得到教授的支持，但是班廷仍不死心，经过多次努力，麦克劳德教授被班廷的诚心和毅力所感动，终于允许他在大学暑假期间来自己的实验室工作两个月，并结扎了班廷的 10 条狗，其余的材料由班廷自备。麦克劳德教授还给班廷找了一个名叫白斯特的学生做助手。为了筹集实验资金，班廷变卖了自己的家产，他决心不顾一切，一定要实现自己心中的梦想。

20 世纪 20 年代初，班廷的实验开始了。可是最初的结果很让人伤心，10 条狗中就有 7 条狗在切除胰脏和结扎胰导管的手术中死亡，重新买来的 10 多条实验狗因为感染及手术创伤等原因又死亡了 7 条。实验进展很不顺利，班廷的钱也快要花光了。他没日没夜地工作，忽略了其他一切，连已经与他订婚的女朋友也对他不满意，与他分了手。但班廷的信心坚定，任何困难都不能阻止他继续实验。他和白斯特互相鼓励，决心从头开始，经过不懈的努力，实验有了重大的进展。他们在 10 条因手术而患上糖尿病的狗身上，共注射了 75 次以上的胰岛素提取液，获得了降低血糖和尿糖的含量及延长病狗寿命的效果，其中有一条狗竟活了 70 天。

初步成功的背后，他们还面临着一个重要的问题：提取液的制备手续

□胰岛素

太复杂,而且还不纯净,胰岛素的含量太少,还无法应用于临床。但很快,不断探索研究实验的他们就发现酸化酒精能够抑制胰蛋白酶的活性,可以用来直接提取正常胰脏的胰岛素,以保证胰岛素的足量供应。

此时麦克劳德教授也注意到了班廷他们的成就,不仅本人直接参与班廷的实验,还动员他的助手以及生化学家考立普参加到这项令人兴奋、具有远大前景的工作中来。几个月后,他们首先对一个患有严重糖尿病的儿童进行治疗,获得了成功,而后又对几个成年患者加以治疗,也取得了很好的效果。实例向人们证实了胰岛素对糖尿病的治疗作用。

很快,全世界都知道了29岁的班廷和他所创造的奇迹,各地的糖尿病患者纷纷要求能得到治疗,这使得班廷和他的合作者们很快就研制出在酸性和冷冻(冷冻也可使胰蛋白酶失去活性)的条件下,用酒精直接从动物(主要是牛)胰腺里提取胰岛素的方法,并在美国的伊来·礼里制药公司进行大规模的工业生产。

终于,诺贝尔奖委员会决定授予班廷和麦克劳德诺贝尔生理学或医学奖,以表彰他们对人类战胜疾病所做出的巨大贡献。白斯特后来也成为一名著名的生理学家。胰岛素的发现具有伟大的意义,拯救了无数人的生命。

📖知识链接

糖尿病

糖尿病是由遗传因素、免疫功能紊乱、微生物感染及其毒素、自由基毒素、精神因素等各种致病因子作用于机体,导致胰岛功能减退、胰岛素抵抗等而引发的糖、蛋白质、脂肪、水和电解质等一系列代谢紊乱综合征,临床上以高血糖为主要特点,典型病例可出现多尿、多饮、多食、消瘦等表现。

牛胰岛素的人工合成

科普档案 ●名称:牛胰岛素 ●合成时间:1965年 ●功能:消炎,抗动脉硬化,抗血小板聚集,治疗骨质增生等

　　20世纪60年代中期,世界上第一个人工合成的蛋白质——牛胰岛素在中国诞生了。而且牛胰岛素合成物的结晶产物,其结晶形状、层析、电泳、酶解图谱均与天然的一致,活力为87%。

　　20世纪60年代中期,世界上第一个人工合成的蛋白质——牛胰岛素在中国诞生了。消息传出,在国内外引起了强烈反响。中国取得了举世瞩目的成就,做出了一项"可以得诺贝尔奖奖金"的工作。

　　60年代中期在华沙召开的欧洲生物化学联合会第三次会议上,中国人工合成胰岛素成了会议的中心话题。英国分子生物学家、诺贝尔奖获得者、胰岛素一级结构的阐明者桑格博士特别兴奋,因为,当时有人对他以往提出的胰岛素一级结构的部分顺序表示怀疑。因此,桑格博士在会上说:"中国合成了胰岛素,也解除了我思想上的一个负担。"

　　多少年来,人们通过各种手段,沿着不同路线,艰难地揭示着生命的奥秘。分子生物学在开启这个自然之谜中起着重要的作用。19世纪20年代,德国化学家武勒用化学方法合成了尿素,这是第一个人工合成的有机分子,但这毕竟是个小分子。胰岛素合成则向人们宣布,人工合成蛋白质的时代开始了。蛋白质的性质与功能,不仅取

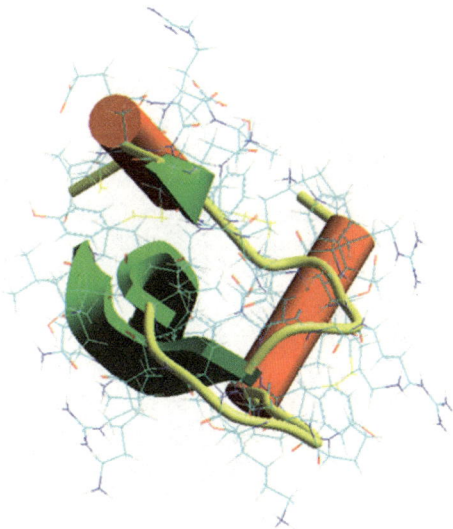

□胰岛素

决于它的一级结构,而且与它的高级结构有关。中国合成的胰岛素,活力在80%以上,这说明该合成物不仅一级结构和天然的相同,而且高级结构也与天然的一致。这表明蛋白质的高级结构取决于一级结构,这一结论在分子生物学理论上,也有重大贡献。

正因为中国合成的牛胰岛素,各项指标均过硬,所以引起了这样强烈的反响。中国闯过了许多异乎寻常的难关,做了前人所没有做的事情。20世纪50年代中期,当桑格第一次阐明胰岛素化学结构时,英国《自然》杂志预言:"合成胰岛素将是遥远的事情"。说实在的,他们的预言并不很保守。但是,仅仅3年时间,中国人就把"遥远的事情"付诸实践了。而且以下的数据可以雄辩地说明,中国的工作非常出色,而且在世界上遥遥领先。中国合成的胰岛素是牛胰岛素,合成物的结晶产物,其结晶形状、层析、电泳、酶解图谱均与天然的一致,活力为87%。

瑞典乌普萨拉大学生物化学研究所所长、诺贝尔奖获得者、诺贝尔奖委员会主席蒂萨利乌斯在20世纪60年代中期到中国生化所参观胰岛素的工作时说:"美国、瑞士等在多肽合成方面有经验的国家未能合成它(指胰岛素),也不敢去合成它。你们没有这方面的专长和经验,但你们合成了,你们是世界第一,这使我很惊讶。"蒂萨利乌斯回国后又通过给曹天钦教授写信,再一次地表达了同样的赞叹之情。蒂萨利乌斯在归国途中,正好赶上我国第三次核试验成功,他就此事答瑞典记者时说:"核能力说明了中国的进展,但更有说服力的是胰岛素。因为,人们可以在书本中学习制造原子弹,但不能从书本中学习制造胰岛素。"因为这项技术是我们中国人通过自己的探索和研究所创下的辉煌!

□胰岛素标志

任何研究的过程不是一帆风顺的，合成牛胰岛素的工作也经历了艰难的历程。研究期间，正赶上中国三年困难时期，合成工作中的困难和矛盾，也暴露得更具体、更充分、更清楚了。许多实验在失败接着失败中重复，美国和联邦德国相继发表了几篇文章，引起一些人思想波动，想下马。这时候，党

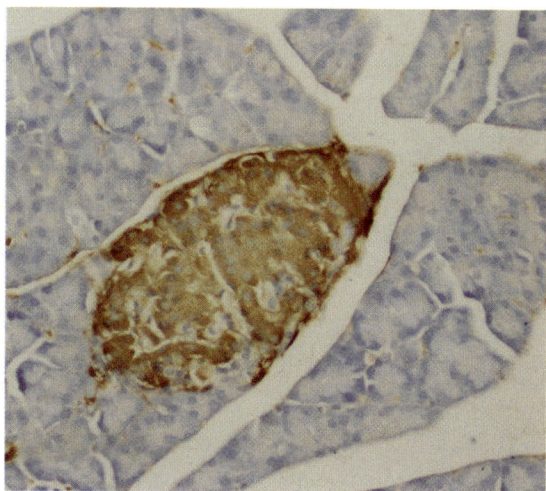

□胰岛素细胞剖面图

中央、国务院、中国科学院、教育部相继给了很大鼓励，才能使合成工作继续下去。终于，经过多次模型试验，试用各种不同的保护剂和各种抽提方法，经历多次失败，终于在20世纪60年代中期得到更好的结果，宣告世界上第一个人工合成的蛋白质在中国诞生了！

📖 **知识链接**

尿　素

尿素别名碳酰二胺、碳酰胺、脲，是由碳、氮、氧和氢组成的有机化合物。其化学公式为 CON_2H_4、$CO(NH_2)_2$ 或 CN_2H_4O，国际非专利药品名称为Carbamide。外观是白色晶体或粉末。它是动物蛋白质代谢后的产物，通常用作植物的氮肥。尿素在肝合成，是哺乳类动物排出的体内含氮代谢物。这个代谢过程称为尿素循环。尿素是第一种以人工合成无机物质而得到的有机化合物。活力论从此被推翻。

杂交水稻的诞生

科普档案　●名称:杂交水稻　●优势:利用杂交优势提高作物产量和品质　●发明学者:袁隆平

20世纪70年代,我国农业界的一项重大发明——杂交水稻,掀开了水稻生产史上崭新的一页,并使我国成为世界上第一个成功培育杂交水稻并大面积应用于生产的国家。

作为"杂交水稻之父",袁隆平是中国的英雄,也是有着世界性贡献的杰出科学家,他获得的一系列国际奖励便可证明他的功绩和他的地位。若回答"下个世纪谁来养活中国人?"没有哪位科学家比袁隆平更有资格回答了。

机遇只偏爱有准备的头脑。从一棵天然杂交稻开始,袁隆平开创了水稻育种的新历史。从20世纪50年代到60年代,袁隆平在农校一边教课,一边做育种研究。他每年都去农田选种,从野外选出表现优异的植株,找回种子播种,看它第二年的表现,这样来筛选具有稳定遗传优异性状的品种,是一种常用的方法。60年代初,袁隆平在一块田里发现一株稻鹤立鸡群,穗特别大,而且结实饱满、整齐一致,袁隆平是有心人,当然不会放过这个难得的研究对象。第二年袁隆平把它种下去,辛苦培育,满怀希望有好的收获,结果却大失所望。再长出来的稻子高的高,矮的矮,穗子大小不一。但袁隆平没有

□ "杂交水稻之父"袁隆平

□水稻

因为失败而放弃,他坐在田埂上苦苦思索失败的原因,他想到第一年选出的是一棵天然杂交种,不是纯种,因此第二年遗传性状出现分离,而如果按照那棵原始杂交种的产量来计算,亩产能达到600千克,这在60年代是非常了不起的!他突发灵感,既然水稻有杂交优势,为什么非要选育纯种呢?从此他致力于杂交水稻育种。就这样,一个关系着16亿中国人吃饭问题的伟大的探索与成功,由袁隆平的一个意念而开始并最终诞生了。

科学的道路不可能是一帆风顺的,可无论是辛苦、挫折、失败,还是人为的干扰、破坏,所有的磨难都无法动摇袁隆平执着的梦想。

袁隆平为杂交水稻几乎奉献了自己的一切,知识、汗水、灵感、心血,没有什么不是为了那梦寐以求的杂交水稻。在研究的初期,为了获得一株必需的水稻天然雄性不育株,他和新婚妻子一起,在接下来连续两年的酷暑季节顶着烈日在安江农校实习农场和附近生产队的稻田里大海捞针般地寻觅,他们的辛苦得到了回报,在前后共检查了4个常规水稻品种的14000多个稻穗后,终于找到了6株雄性不育的植株。

身体的劳累还在其次,袁隆平还承受着来自学术界权威的质疑与反对。他面对巨大的舆论压力,仍没有退缩。当时学术界流行的经典遗传学观点认为,水稻是自花授粉作物,经过长期的自然选择和人工选择,许多不良的因子已经被淘汰,积累下来的多是优良的因子,所以自交不会退化,杂交也不会产生优势,从而断言搞杂交水稻没有前途,甚至说研究杂交水稻是"对遗传学的无知"。然而袁隆平并没有被这些压力压倒,他坚信实践才是真正的权威!

20世纪60年代中期,经过两个春秋的艰苦试验,袁隆平对水稻雄性不育株有了较多的感性认识,这时他开始把获得的科学数据进行理性的分析整理,撰写出首篇重要论文——《水稻的雄性不孕性》在中国科学院出版的权威杂志《科学通讯》第4期发表。这篇论文的发表,标志着在国内开了杂交水稻研究的先河,这不仅是一个普通意义上的水稻育种课题的启动,而且开创了一个划时代的崭新的研究领域。在随后的30多年间,他在杂交水稻这个领域始终保持着世界领先地位,他的研究成果一个接一个,他创造的杂交水稻神话一个接一个。从70年代到90年代,我国累计推广种植杂交水稻约2.33亿公顷,增产稻谷3500亿千克,相当于解决了3500万人口的吃饭问题,确保了我国以仅占世界7%的耕地,养活了占世界22%的人口。

袁隆平用知识和汗水在中国古老的土地上,圆了华夏民族几千年都在渴盼的梦想,写下了一个震惊世界的神话。

📖 知识链接

超级杂交稻

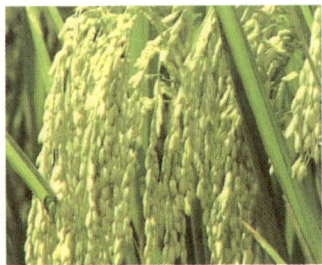

超级杂交稻是水稻超高产育种,是20多年来不少国家和研究单位的重点项目。日本率先于1981年开展了水稻超高产育种,计划在15年内把水稻的产量提高50%。国际水稻研究所1989年启动了"超级稻"育种计划,要求2000年育成产量比当时最高品种高20%～25%的超级稻。中国农业部于1996年立项中国超级稻育种计划,其中一季杂交稻的产量指标为,第一期(1996～2000年)亩产700千克,第二期(2001～2005年)亩产800千克。

试管婴儿的诞生

科普档案　●名称:试管婴儿　　●技术原理:实验室的试管代替了输卵管的功能

试管婴儿是体外受精和胚胎移植技术的俗称。最初由英国产科医生帕特里克·斯特普托和生理学家罗伯特·爱德华兹合作研究成功,该技术引起了世界科学界的轰动。1978年7月25日,全球首位试管婴儿路易丝·布朗在英国诞生。

　　试管婴儿是"体外受精和胚胎移植"的简称。它通过手术将女性的成熟卵子取出,然后与精子于试管中受精,在培养4天后,再把这个受精卵移植到女子的子宫里安胎,发育为胎儿。

　　20世纪40年代中期,美国人洛克和门金首次进行这方面的尝试。1965年,英国生理学家爱德华兹和妇科医生斯特普托提出了在玻璃试管内可能受孕的证据。经过10多年的努力,他们找到了解决问题的办法:从妇女体内取出卵子,在实验的试管中培养受精,细胞分裂一开始,就将其放回妇女的子宫内培育。第一个试管婴儿的诞生对斯特普托和爱德华兹来说是第一次成功。两人研究此技术已长达12年并多次失败。据估计,这种办法可用来帮助1/5到一半的不孕妇女怀孕。

　　第一个试管婴儿于20世纪70年代后期在英国曼彻斯特诞生,她是一个女婴,名字叫路易丝·布朗,体重5英镑12盎司,是在奥德海姆中心医院通过剖腹接生的, 出生后

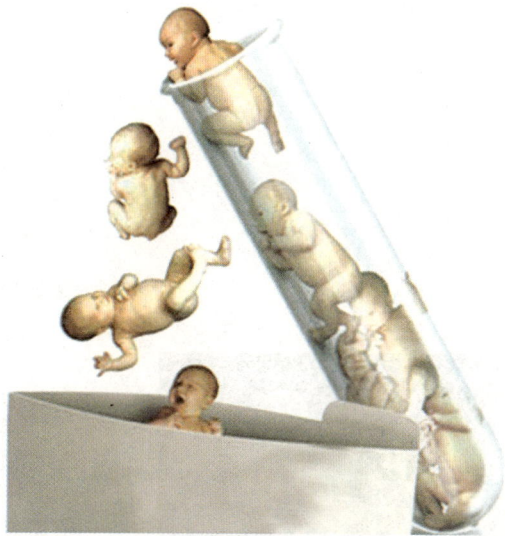

□试管婴儿

一切都很正常。

全世界的新闻媒体都把聚焦的镜头瞄准了路易丝·布朗，因为她有一个特殊的称谓:试管婴儿。也就是说在人类千百万年的进化历史上出现了一个新的孩子,她与别的孩子不同,走了一段与常人不同的路程。路易丝·布朗的母亲梅·布朗因输卵管疾病而不能生育。斯特普托和爱德华兹从梅·布朗(时年31岁)体内提取卵子,再取她丈夫(时年38岁)的精液一起放入一个试管内,使卵子受精,然后将受精卵重新移入梅·布朗的子宫内,9个多月后生下了路易丝·布朗。

试管婴儿成长的事实为许多患有输卵管疾病而不能生育的妇女带来了希望,它也是人类胚胎学的重大突破。到1997年,仅英国就诞生试管婴儿2万多名。目前全世界已有几千万名试管婴儿诞生。我国第一个试管婴儿于20世纪80年代后期在北京医科大学第三医院诞生。

奇迹不断出现。就在路易丝·布朗诞生20年后,世界上又有一个新的生命出现了,它就是英国的克隆羊"多莉"。这被称为"创世纪的杰作",其工作基础,正是试管婴儿技术。差别在于后者使用的不再是精子,而是用成体细胞或胚胎细胞的细胞核,与卵子结合,进行所谓的"无性生殖"。

尽管多莉的生命很短暂,但它的诞生是人类一次跨越性的尝试。人类正在努力地创造新的方式的生命,并取得了巨大的成就。

📙**知识链接**

无性生殖

无性生殖指的是不经过两性生殖细胞结合,由母体直接产生新个体的生殖方式,分为分裂生殖(细菌及原生生物)、出芽生殖(酵母菌、水螅等)、孢子生殖(蕨类等)、营养生殖(草莓葡匐茎等),具有缩短植物生长周期,保留母体优良性状的作用。

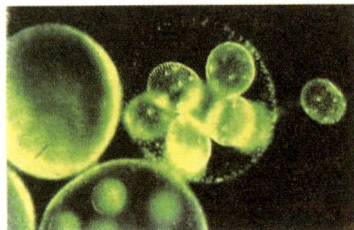

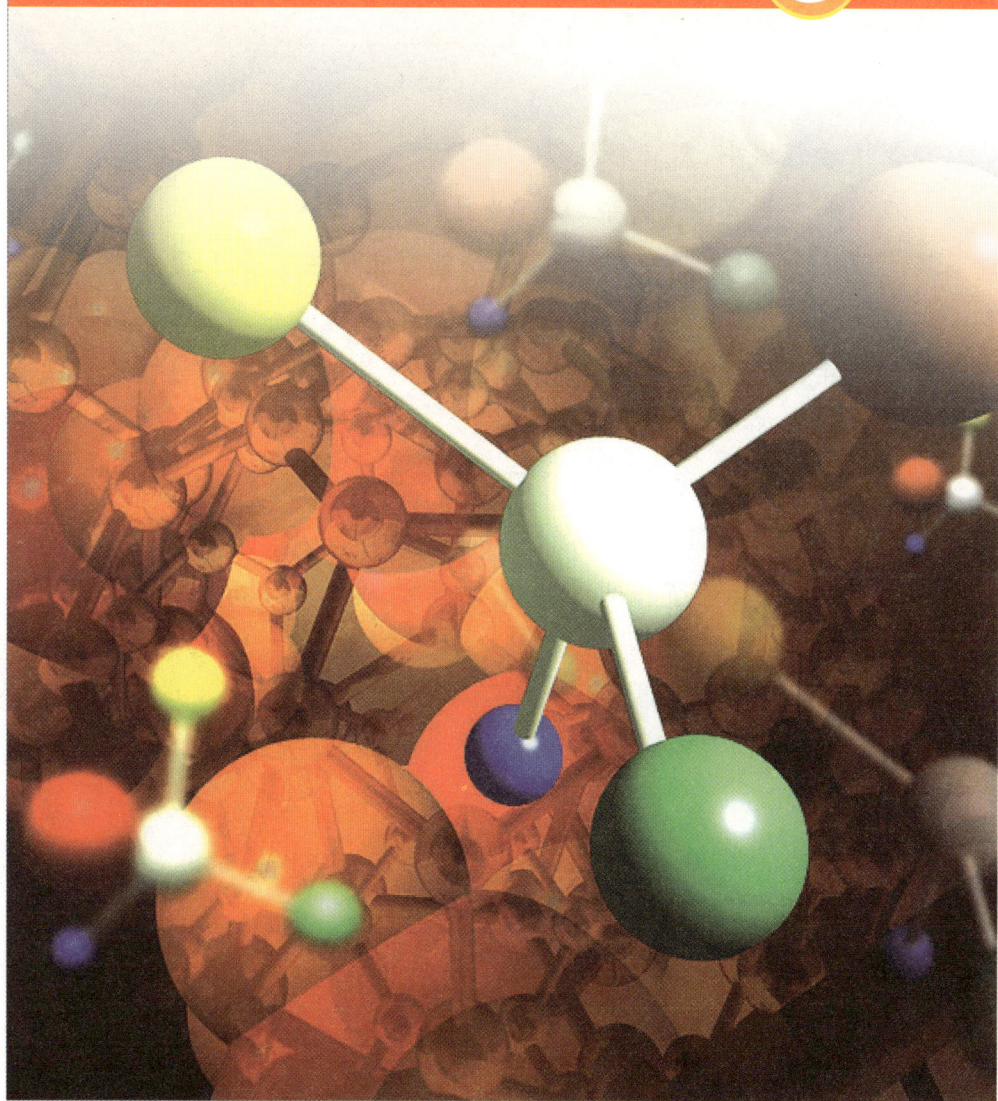

生物学科猜想

第 3 章

□解读生命的生物传奇

异种器官移植或成现实

科普档案 ●名称：器官移植 ●常用移植器官：肾、心、肝、胰腺与胰岛、甲状旁腺、心肺、骨髓、角膜

器官移植是一项挽救人类生命的重要技术，可是器官的来源和数量问题却一直困扰着人类。于是人们想到了异种移植，即使用另外一个物种的器官、组织或细胞，这被认为是最好的解决问题的办法。

现代医学领域中，器官移植是一项挽救人类生命的重要技术，虽然这种方法在治病方面有很大的帮助，可是器官的来源和数量问题却一直困扰着人类。目前世界上约有 25 万病人等待做器官移植手术，但是每年有机会接受这种手术治疗的患者只有约 5 万人左右。因为捐献的器官有限。于是人们想到了异种移植，即使用另外一个物种的器官、组织或细胞，这被认为是最好的解决问题的办法。

现在，很多潜在的免疫学难题已经被克服，如身体器官移植的排异反应等，这也意味着把器官从一个物种身上移植到另一个物种身上的可能性将成为现实。于是出现了一位科学家，他预言，由于人体捐献器官的严重不足，在未来的几年里，把动物器官移植给人体将可能实施。

为了研究这种跨物种器官移植手术的奥妙，科学家们先在动物之间进行了类似的实验。英国剑桥大学的科学家开始在猪的卵细胞中植入人的一种基因，饲养世界上第一群心脏中含有人基因的猪。在

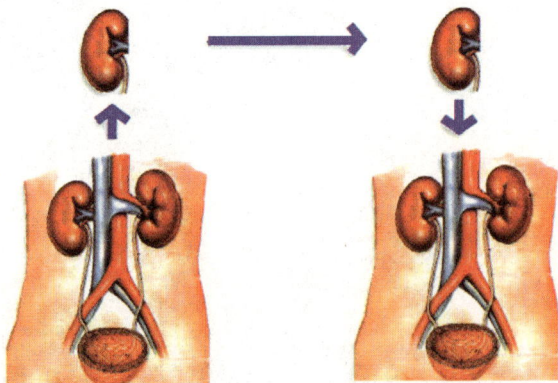

□器官移植

猪长成后，科学家将猪心脏植入猴子体内。实验表明，将猪心脏植入猴子体内后，猴子体内几乎不产生排异反应，植入猪心脏的猴子手术后平均存活时间为40天。科学家们增添了些许信心，于是，英国科学家决定选择4~5名患者进行猪心脏移植手术，当然这种手术还需要多方面的酝酿。

科学家们说，存在于猪组织内的病毒似乎不会感染人类，它绕开了一个在实践中给人体移植猪器官的主要障碍。另外，科学家们之所以对猪情有独钟，因为它们与人类有许多相似之处。猪的心脏与人的心脏大小相同，其管道分布和动力输出也相类似。此外，猪的心脏只需经过很少量的基因工程处理，就能与人类的免疫系统相兼容。

因此猪的器官被认为是进行移植的比较理想的来源。科学家们现在正致力于培养出有合适基因工程的猪，这种猪的组织不会同人体内的免疫系统产生排异反应。

但这条富有创举性的道路上却也阻碍重重。因为猪身上有一种病毒叫"内生长逆转录酶病毒"，大多数会产生含有核糖核酸和逆转录酶的肿瘤，包括引起艾滋病。科学家们目前还不知道这种病毒是否也会随器官移植转移到人体内，或者这种病毒是否会发生变异并引起新的疾病。这也是科学家们关心的问题。但科技已经发展到今天的地步，并且还在飞速地发展，我们有理由充分相信这并不是一个大的难题。

移植异种器官的道路并不顺利，还不能马上实行，现在科学家们会延迟异种器官对人体的移植，直到这些存在的困难和问题被全部克服。科学家们真正开始临床实验可能要等到5年以后。

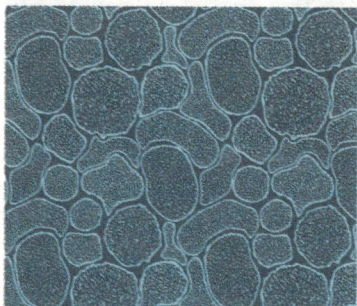

📖 **知识链接**

急性排异反应

急性排异反应是由T细胞介导的排异反应。其发生率可高达70%～80%。主要临床表现为发热、腹泻、食欲下降和肝区胀痛。实验室检查发现血清ALT、ALP、胆红素均明显升高，白细胞总数、中性粒细胞、嗜酸粒细胞也明显升高，胆汁分泌量减少，颜色变淡或呈水样。

有鳞类爬行动物新系谱

科普档案 ●动物类别:有鳞目 ●形态特征:体形细长,被覆角质鳞片,多数种类无骨板,头骨为双窝型等

美国生物学教授布莱尔·海吉斯和海吉斯研究中心的博士后尼古拉斯·维多尔对大量有鳞类爬行动物的遗传信息和数据进行分析后,提出了新的遗传系谱,该系谱和旧系谱有很多不同处,甚至可以说是对旧系谱的全盘否定。

美国佩恩州立大学的生物学教授布莱尔·海吉斯和海吉斯研究中心的博士后尼古拉斯·维多尔进行了一项重新组织命名有鳞爬行类动物信息谱的工作。他们提出,对于蛇、蜥蜴以及其他有鳞爬行动物的遗传系谱需要重新组织,同时需要为该系谱的新分支命名。海吉斯和维多尔收集了大量有鳞类爬行动物的遗传信息和数据,并对此进行分析,之后他们提出了新的遗传系谱,该系谱和目前被广泛认可的系谱有很多不同处,甚至可以说是对旧系谱的全盘否定。

□ 鬣蜥

□科莫多巨蜥

　　维多尔说道，大量分子遗传证据显示，被认为是较为低级的爬行动物——鬣蜥(一种产于南美洲和西印度群岛的大蜥蜴)和两类高级的爬行动物是近亲，一类为蛇，另一类为科莫多巨蜥(产于印尼科莫多岛，全长2.74米，当今地球上最长的蜥蜴)。研究人员对于这类动物给予一个新名字——有毒动物，同时，也有相关报道反映某些被认为无毒的蜥蜴种类实际上也像毒蛇那样制造毒液，其中就包括上述的鬣蜥和科莫多巨蜥。海吉斯和维多尔以及其他研究人员将他们对于蜥蜴和蛇类动物的毒液系统早期进化的研究发表于《自然》，他们说道，虽然对于曾被认为无毒的蜥蜴被证明确实分泌毒腺会令学术界震惊，但是正是这表明了这些动物在遗传上的近亲关系。

　　目前世界上存在的蜥蜴种类有8000余种，各种蜥蜴由于生态环境的异同形成了不同的生物进化。海吉斯说道："我们过去认为毒液的进化在整个进化过程中是比较靠后的，但是研究表明毒液的进化在2亿年前就已存在，那时恐龙已经存在，我们认为毒腺的分泌是使得该种群能够繁衍的一个重要因素，恐龙没有这样的优势或许是它们被自然淘汰的原因。"该研究还可以帮助科学家发现更多种类的化石，因为它为地质形态年代提供了新的信息。

为了提高研究的准确性，科学家们使用了比正常研究多出一倍的数据，他们对19种有代表性的爬行动物世系进行研究，包括现存的蛇类、蜥蜴，甚至包括有三分之一爬行动物血统的蚓蜥，并运用多种统计方法来确定每种种类和其他种类的血缘关系。他们对这些种类动物的九类核蛋白质基因进行分析，这些基因在每种动物中所起的作用几乎相同，同时在长期的进化过程中由于基因突变也产生了少量变化。美国科学家的研究结果和现有的有鳞爬行动物的系谱完全不同，现有的系谱分类是基于诸如身体结构等方面的形态学特征，在教科书中已经存在了上百年，而新的系谱对爬行动物的划分是从基因的角度上进行的。

根据现有的系谱，鬣蜥在系谱中处于底部，而在美国科学家们所认为的新系谱中它应该处于有毒动物种群的顶部，他们称其为毒液进化支。由于目前科学界普遍认可的系谱已经存在了上百年，因此新系谱被大众认可还需要一定的时间，如果有其他研究组织也致力于该项研究并能取得一定的成果，这种标新立异的新系谱被认可的进程会大幅度加快。

📖 **知识链接**

海洋有毒动物

海洋有毒动物是含有毒素、对人类和其他生物能致命或致病的海洋动物。海洋有毒动物现已有1000余种，广泛分布于世界各个海域。分别隶属海洋无脊椎动物和海洋脊椎动物。海洋有毒无脊椎动物约有300余种，主要属于腔肠动物、软体动物和棘皮动物。在环节动物、节肢动物等门类中也有些有毒种属。

冰河纪曾毁灭海洋生物

科普档案 ●名称:冰河纪●影响:大面积冰盖改变了地表水体的分布,全球气候改变导致大量动植物种灭绝等

冰河纪曾使地球表面发生巨大变化,英国海洋科学家通过研究发现,在这一时期,海底生物也曾大规模地灭绝,整个海洋生态环境因为落入海底的冰片而受到毁灭性的破坏。

　　冰河纪曾使地球表面发生巨大变化,那么在海洋中的冰层下发生了什么呢?英国海洋科学家通过研究发现,在冰河时代,海底生物也曾大规模地灭绝,整个海洋生态环境也曾因为落入海底的冰片而受到毁灭性的破坏。

　　过去,科学家们一直认为海底生态系统曾经躲过冰河纪的影响,而且很多海底生物在灾难来临时,迁徙到其他栖息地,从而躲过了这次浩劫。然而,英国南安普敦的国家海洋学中心和英国南极考察局的研究人员称,他们发现了证据,表明海洋生物并没有逃过那场劫难。这些海洋生物被掉入海洋中的大量冰片杀死,或者是因为永久性冰盖隔断了它们的食物链,最

□海洋生物

后被活活饿死。生活在深水区的海洋生物惨遭灭绝，生活在浅水区的海洋生物也没有幸免于难，它们为了逃避灾难，被赶到大陆架的斜坡，滑落的巨大沉淀物可能埋葬了它们。研究人员还推断，那时的生态系统可能是由海绵、海胆、海扇、珊瑚和海星组成的。

然而这是发生在遥远的过去的事情，谁也无法下定论。人们只能根据历史遗留下来的证据进行合理的推断。南安普敦国家海洋学中心的一名生态学家斯文·泰杰经过对历史遗物的考察研究，发表了不同观点。他认为，在冰河纪，有一些海底的生物在面临浩劫的时候转移到了深海中，这使得下滑的沉淀物和冰片没有伤害到它们。他还称，在冰河纪来临后，这些生物体可能拥挤到南极大陆架的海底庇护所中，而这些庇护所保护了它们不受伤害。

总之，研究人员认为，不管是什么方式，海洋生物还是击败了极端寒冷的气候。而一部分海洋生物的胜利意味着陆地上的动物在面临对栖息地的毁灭的时候没有海洋生物反应的速度快，它们没有进行很有效的避难措施，所以才遭到了灭绝的惨剧。另外，海洋生物和陆地生物比较有较低的新陈代谢率，这使它们生长缓慢，而且有很低的生殖率，如海洋中的一种海星可以每年重新生长一次，这表明整个海洋生态系统在浩劫结束后，其恢复又花了几百年时间。

英国科学家的这项研究发现将使生物学家重新考虑南极洲海洋生物的进化史。

📙 知识链接

海 扇

海扇属于双壳纲软体动物。它的壳由两个瓣膜形成。这两个瓣膜由一个相互连接的铰和部分形成的关节相连，通过特殊的肌肉，这两个瓣膜可以关得很牢，也可以打开来伸展它们的身体部分。海扇通过过滤得到水中的食物微粒，并以这些微粒为食。它们没有头，可以通过这个特点，把它们同其他的软体动物区别开来。海扇一般生活在海底的细沙中，喜欢把身体埋在沙子里。

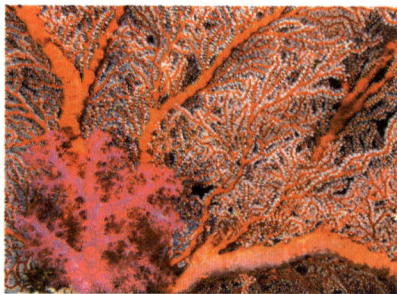

生物只有两性的猜想

科普档案 ●生物学名词:性别 ●划分:基因性别、染色体性别、性腺性别、生殖器性别、心理性别和社会性别

地球上多数物种只有雄雌两性这个问题一直被人们乐此不疲地探讨着。科学家们认为,地球上的生物之所以进化到今天的雌雄两性,是因为线粒体出现的突变对生物体造成了影响,生物只有两性发展,才能保证自身的生生不息。

地球上存在无数种生命形式,为什么多数物种只有雄雌两性? 多少年来,这个问题一直困扰着世界各地的科学家。

有一位英国科学家提出了一个猜想,地球上的生物之所以只有雄雌两性,是因为大约 20 亿年前我们的祖先曾经遭受到细菌的感染。

但地球上目前也有一些例外的生物,拥有多种性别,例如蘑菇就有多达 36000 种性别,一种被称作粘菌的奇异生物大约有 13 种性别,但是这些生物只是地球生物分为雄雌两性这个几乎普遍适用的规律非常罕见的例外。这种现象使人们感到好奇,从而联想到了进化的问题,科学家们提出了

□蘑菇有多达36000种性别

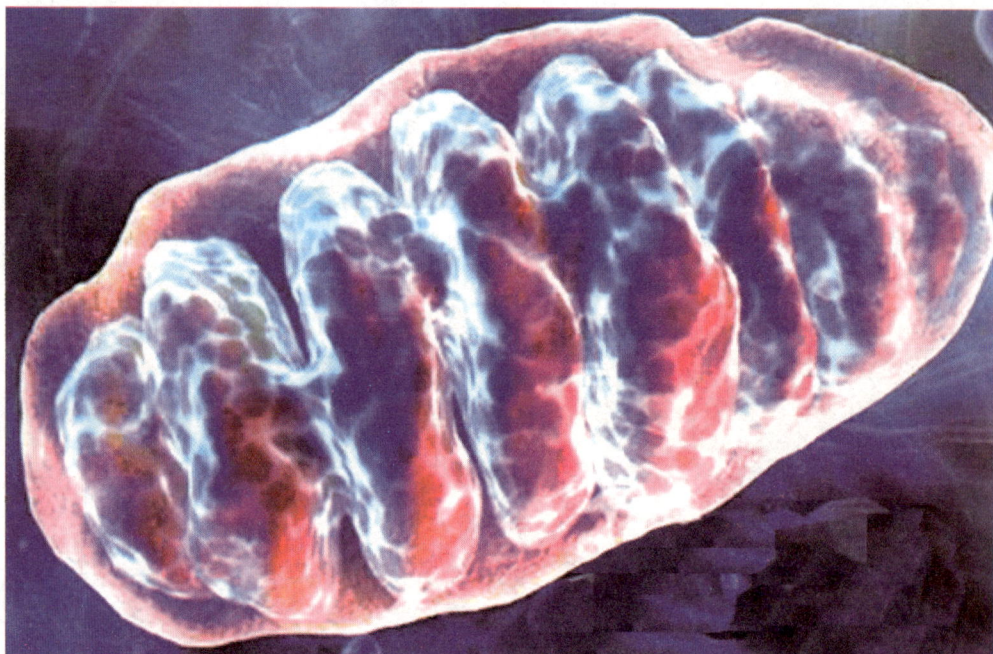

□线粒体DNA突变

一个关于进化方面的神秘的问题，他们认为如果地球生物有 100 种性别，并且可以与其中任何一种物种交配，那么地球生物在其周围的环境中找到伴侣的几率将达到 99%。

在漫长的进化中，生物都是朝着对自己有利的方向前进着，生殖、延续后代也是如此。按照上面的推测，如果生物有 100 种性别，那么找到伴侣的机会也会大大增加，物种的延续和生存就会变得更容易，所以生物只有两性会使物种的生存变得困难。可是为什么地球上的生物没有向对自己有利的方面发展呢？为什么只有两性呢？科学家赫斯特认为，这完全要归因于地球生物是如何通过遗传获得一组特定的、被称为线粒体的基因。

与细胞核或细胞中心部分携带的基因不同，线粒体脱氧核糖核酸（DNA）可以迅速进行自我复制。赫斯特猜想，以前好像有过某种细菌，而线粒体就是这些细菌发展而来的。在发展中线粒体保留了它们的细菌祖先遗留下来的进行自由复制的能力。

因为线粒体 DNA 可以快速复制，如果 99% 的地球生物可以与任何同种生物交配的话，线粒体出现的任何突变都可能迅速扩散开来。如果这种突变是有害的，那么突变引起的后果可能是灾难性的。生物体之所以只有两性，也是避免灾害有利于自身发展的一种形式。生物只有两性，虽然对于地球上其他的物种来说，寻找一个配偶的几率没有在多种性别的情况下容易，甚至可能有些困难，但是从进化的角度来说，这种生殖也有益处，可以减少突变进而减少灾难。

总之，科学家们认为，在遥远的过去，地球上的生物远不止雌雄两性，而是每一个物种具有很多性别，生命的形式较现在而言更加丰富多样。之所以进化到今天绝大多数生物只有雌雄两性，是因为当初多种性别在物种间自由交配的时候，线粒体出现的突变被扩散出来，对生物体造成了影响，使之不利于生存，最终被淘汰。于是在自然选择的情况下，生物渐渐向只有两性发展，这是为了它们自身的生生不息，所以进化到今天，我们地球上的生物才只有两性。

📖 知识链接

粘 菌

粘菌是介于动物和真菌之间的一类生物，约有500种。它们的生活史中，一段是动物性的，另一段是植物性的。营养体是一团裸露的原生质体，多核，无叶绿素，其中含有抗生素、维生素等，能作变形虫式运动，吞食固体食物，与原生动物的变形虫很相似。但在生殖时产生具纤维素细胞壁的孢子，这是植物的性状。粘菌的原生质团经分割后仍能继续生活，是研究细胞学、遗传学和生物化学的重要实验材料。

未来烟草有望挽救生命

科普档案 ●植物名称:烟草 ●首位提出被动吸烟有害的人:美国卫生官员西·埃弗里特·库普 ●时间:1986年

瑞典科学家提出,危害健康的烟草未来可能变害为利成为一种挽救人的生命的有益作物,会被大规模种植,成为一种可生产高科技药物的绿色工厂,它生产的药物也将非常有效。

众所周知,吸烟有害健康,甚至会致病导致死亡。长期以来烟草一直被认为是导致人们过早死亡的一个主要原因,人们大概怎么也想不到,这种危害健康的作物能变害为利成为一种能挽救人的生命的有益作物。然而,瑞典科学家提出,未来烟草可能会成为一种挽救生命而被大规模种植的农作物,烟草也是一种可生产高科技药物的绿色工厂,它生产的药物也将非常有效。

现在的许多疾病都要使用一种名为"单克隆抗体"的特别药物治疗。目前这种药物的需求已经超出供给,而据估计这种新药未来的需求还将大幅增加。因为这种抗体对治疗疾病非常有效,它就像寻找目标的机器人,可以发现人体内有害或损坏的细胞,并在不影响健康细胞的情况下摧毁有害细胞。

人们大都从动物细胞中来提取这种单克隆抗体,可是制造1千克的抗体需要至少1万升的细胞溶液,这使它的成本很昂贵。这对于急需单克隆抗体治疗的病人来说是很不利的。然而,如果植物能用于这种药物的生产,成本将大幅度下

□未来烟草有望挽救生命

降。瑞典科学家通过对比称，目前一公顷耕地就可生产1千克的抗体。

科学家们在很多年前就试图用植物来生产某种抗体或疫苗，不仅是因为成本低，还由于植物与人体在细胞层面上的许多方面都很相似，而且还有一项优势是技术很容易提高。另外，从植物向人类传播疾病的风险也不存在，而使用动物细胞则有一定的危险。但使用植物也存在一个问题，那就是产量经常很低，而且与抗体有关的糖类组织在植物和人类细胞中差异很大。然而，在生物技术的帮助下，科学家已经使植物细胞中的糖类组织与人类相同。

瑞典科学家现在发现了植物细胞内的一种新传输通道，这使植物体内可以生产并储存更多的抗体。新发现的传输通道位于隔膜系统（内质网）之间，而糖类组织就在这里形成并进入蛋白质和叶绿体，另外这一器官也是光合作用发生的地方。

瑞典默奥植物科学中心的萨穆尔森教授称，在发现新的传输通道后，他们相信抗体可以在内质网膜中产生，并送到叶绿体中进行储存，直到植物成熟。他还称，他们还相信叶绿体中可以储存大量的抗体，从而抗体产量可以大幅提升，而叶绿体也会使抗体纯净。

经过长期研究，科学家们已经发现烟草本身是一种非常容易改良的物种，他们发现改良后的烟草与其他植物一样，利用这种新的传输通道可生产基于蛋白质的药物，如治疗抗体和疫苗。这些药物可治疗很多疾病，其中包括某种类型的乳癌。看来，烟草为人类造福的时代即将来临。

📖 **知识链接**

疫 苗

疫苗是指为了预防、控制传染病的发生、流行，用于人体预防接种的疫苗类预防性生物制品。生物制品，是指用微生物或其毒素、酶，人或动物的血清、细胞等制备的供预防、诊断和治疗用的制剂。预防接种用的生物制品包括疫苗、菌苗和类毒素。其中，由细菌制成的为菌苗，由病毒、立克次体、螺旋体制成的为疫苗，有时也统称为疫苗。

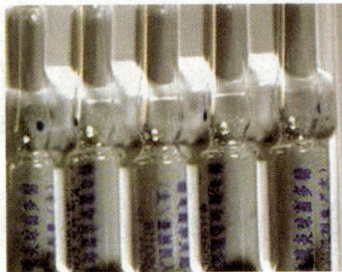

未来多种野生动物或灭绝

科普档案 ●名称:濒危物种 ●定义:由于自身原因或受到人类活动、自然灾害的影响而有灭绝危险的野生动植物

科学家们指出，大批量的物种灭绝正在地球上发生，有统计称，每24小时就有150个到200个物种永远消失，这种危害在未来还有加剧的趋势。

科学家们一直在警告，大批量的物种灭绝正在地球上发生，有统计称，每24小时就有150个到200个物种永远消失。除现有的濒危动物外，野生动物在全球范围内都存在着"潜在灭绝危机"。从寒冷的加拿大与阿拉斯加到热带的亚洲岛屿，生活在20个地区的1500多种野生动物未来可能面临灭绝的命运，其中大型哺乳动物灭绝的几率尤其大。

科学家们指出，动物灭绝的危害在未来还有加剧的趋势，他们考虑了几个综合的因素，其中包括不同地区的区域特征、地区生物多样性状态，再

□马来西亚半岛

□ 可能灭绝的动物——北美驯鹿

经过与此前动物灭绝区域的对比，用了大量最新的地理学、生物学以及近4000种哺乳动物的系统发育数据库，描绘出全球具有潜在灭绝危险的地理分布，从而"预言"出将来有动物灭绝潜在危机的热点地带。全球范围内存在着多个动物灭绝热点地带，它们分别是北美洲北部到北极的冻土和森林带、南太平洋诸群岛、印尼苏门答腊岛、马来西亚半岛、新几内亚岛、加里曼丹岛、澳大利亚南面的塔斯马尼亚岛、巴哈马群岛和南美洲的巴塔哥尼亚海岸等20个地区。可能灭绝的物种有1500多种，其中包括北美驯鹿、麝牛、狐蝠和狐猴等。

首先，最具有物种潜在灭绝危险的地区是苏门答腊岛和马来西亚半岛，估计在这两地有灭绝危险的生物将有284种。

其次是加里曼丹岛，有224种物种面临灭绝困境。其他高风险地带分别是新几内亚岛、西爪哇岛、加拿大北部和阿拉斯加、美拉尼西亚群岛等。

物种灭绝是一种自然现象，但到了现代，有科学家估计，物种的丧失速度比自然灭绝速度快了1000倍，比形成速度快了100万倍。每过一个小时，就有一个历经千百万年进化的生物从地球上永远地消失了。

根据生物学界的研究，那些活动范围相对较小、身躯庞大、繁殖速度慢的动物尤为危险。科学家们指出，对陆地哺乳动物来说，个子大的坏处通常

129

比我们想象的还要大,大型哺乳动物多样性的减弱可能比过去估计的要快得多。其中,个体体重在 3 千克以上的哺乳动物由于其低生育率和低种群密度,灭绝风险增长的速度尤其快。

对我国 367 个陆生哺乳类物种的研究表明,猴科、猫科和牛科这三类动物的受威胁比例高,而鼠科和鼩鼱科则相反。像大象那样的体积大、繁殖能力差的动物濒危程度要比那些小动物高很多。

科学家们列出的灭绝"热点"主要是针对还没有受到人类活动太多影响的区域。在东亚、西欧及北美温带地区等人类已经高度开发的区域,人类和生活在当地的生物已构成了平衡,未来应该不会再有物种灭绝的现象。目前这些"热点"区域的生物物种多数还不是濒危物种,但随着时间推移,人类活动扩张,这些物种所依赖的生态平衡便可能受到破坏,物种数量也将急剧减少。因此,人类活动是个无法绕开的坎。

中国科学院动物研究所李义明博士是研究动物灭绝问题的专家,他介绍,现在科学界公认造成物种灭绝的原因有 5 个:动物栖息地遭受破坏、外来物种入侵、污染、过度利用、疾病的干扰。而在这些原因中人类活动影响加剧是幕后的黑手。

📖 知识链接

生态平衡

生态平衡是指在一定时间内生态系统中的生物和环境之间、生物各个种群之间,通过能量流动、物质循环和信息传递,使它们相互之间达到高度适应、协调和统一的状态。也就是说当生态系统处于平衡状态时,系统内各组成成分之间保持一定的比例关系,能量、物质的输入与输出在较长时间内趋于相等,结构和功能处于相对稳定状态,在受到外来干扰时,能通过自我调节恢复到初始的稳定状态。在生态系统内部,生产者、消费者、分解者和非生物环境之间,在一定时间内保持能量与物质输入、输出动态的相对稳定状态。

基因突变与改造生命

科普档案　●**名称**:化学诱变剂　●**常用种类**:亚硝基烷基化合物、芥子气类、亚硝酸、叠氮化钠等

生命是一个遗传、复制，同时也不断变化的过程。生命遗传中的变异与基因突变密切相关。科学家们认为，研究基因突变的诱因对于改造生命具有现实意义。

生命不仅是一个遗传、复制的重复过程,同时也是一个不断变化的过程。"世界上从未出现过两个性状完全一样的个体"这是个显而易见的事实,生命遗传中的变异便可以从科学的角度来解释这一现象。

生命遗传中的变异与基因突变密切相关。最先较为系统地阐述突变理论的人是19世纪荷兰学者德·弗里斯。早在19世纪80年代中期,弗里斯就开始用月见草进行遗传与突变实验,并于20世纪初发表了"突变"理论。弗里斯把"突变"定义为:由种种原因而引起的基因结构和功能上的改变。弗里斯认为,突变是不需要经过中间过渡而突然出现的,而且突变一旦产生,便可能一代代遗传下去。

遗传信息由DNA流向RNA,再由RNA流向蛋白质,这一过程就是遗传学中的"中心法则",这一法则最终阐明了DNA、RNA和蛋白质三者的关系。遗传的中心法则被发现之后,科学家们又发现了一种新的情况,即在"逆转录酶"的作用下,能够发生以RNA为模板、合成DNA的逆转录现象,因此,他们认为,在蛋白质合成的过程中,DNA能决定RNA,RNA也同样可以决定DNA,再通过转运RNA译成蛋白质。

这一发现设置了一个至今未能解开的谜团:到底是先有DNA呢,还是先有RNA?此外,科学家们还发现,这种逆转录现象不只是少数病毒所特有的,甚至在高级机体内也有可能存在。所以有人断言,这种现象可能和生命

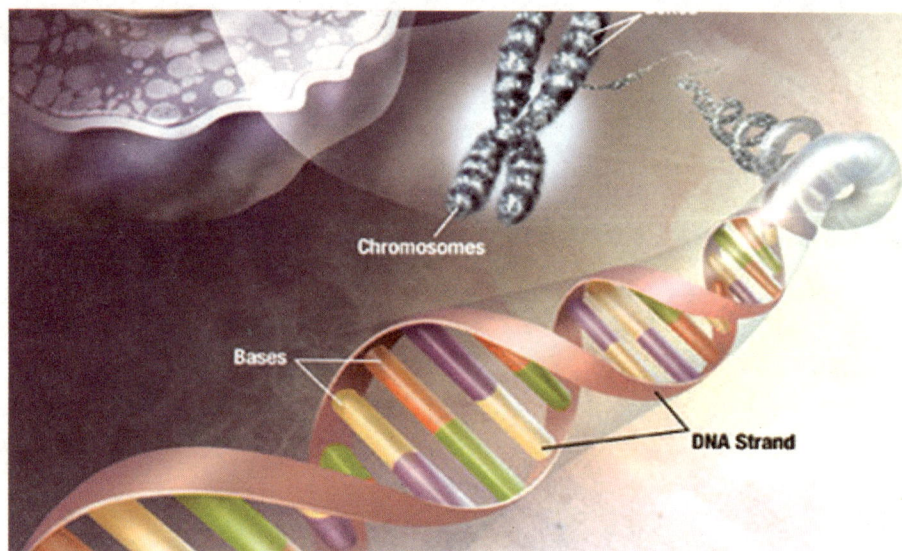

□DNA的双螺旋模型

的起源有些渊源。科学家们偶然发现了一只两腿全有缺陷的小鸡雏,而且它的左右两爪都缺第三趾。经调查,这只小鸡雏双亲系统上从未出现过如此性状,而且又不是近亲繁殖的后代。这只缺趾鸡随后茁壮成长,孵化185天后,它便开始提前产蛋,蛋重60克。它与品种内或品种外的雄鸡交配而生的后代中,一部分不同程度地存在着缺趾现象。

自从建立了DNA的双螺旋模型之后,人们都已经知道,当细胞进行分裂时,细胞中所有的DNA都要进行复制,使每一个新细胞都能得到一套与原来细胞完全相同的DNA。在大多数情况下,DNA的复制都能以严格的方式进行,但是,偶尔也会出现差错,于是出现了突变。

基因突变既可以给生物带来好处,也可以给它们带来坏处。如果突变给有机体带来了某种有利的因素,那么,这个变异了的个体适应环境的能力就增强,成活的可能性就比较大,而且极有可能将突变的性状遗传给后代。如果突变给机体带来了有害的因素,这些个体常常会因为不适应生存环境而死亡,甚至绝种。亿万年来,无数的生物都这样经历了风风雨雨,在物竞天择的规律下生灭繁衍。

科学家们认为,基因突变的价值不仅可以解释生物世代遗传性状的改变导致生物进化过程中的自然选择,而且研究基因突变的诱因对于改造生命也具有现实意义。早在 20 世纪初，一些科学家便开始利用自然界中的各种存在因素，比如提高温度、紫外线照射以及化学物质处理等方法进行诱导突变实验。此外，科学家们还发现，生物体内有一些化学物质在某些条件下会引起生物体的自然突变，这些化学物质被称为诱变剂。

20 世纪 20 年代后期，美国遗传学家穆勒发现，用 X 射线照射果蝇精子，后代发生突变的个体数会大大增加。同年，苏联学者斯塔德列尔用 X 射线和 Y 射线照射大麦和玉米种子也得到了类似的结论。当人们掌握了人工诱发突变的方法以后，改造生命便成了一项时髦的科学活动。今天人们熟知的无籽西瓜就是人工诱发突变的杰出成果。

因此，做这样的设想绝非是科学家的异想天开：将来如果有一天人们能像使用手枪那样地使用诱变剂，想让哪个基因发生突变，就用手枪的"子弹"射中哪个基因的"靶子"，那么人们就可以按照自己的意愿来改造某些对人类有利用价值的生命了。当然，人类是否具有这样的权利或者人类是否愿意为这种生命游戏制订规则却是另外一个问题了。

📖 知识链接

诱变剂

凡是能引起生物体遗传物质发生突然或根本的改变，使其基因突变或染色体畸变达到自然水平以上的物质，统称为诱变剂。当各种诱变剂被人为地强加于地球环境中之后，生物基因的情报系统由于诱变剂的作用受到损伤而发生紊乱，不能正确地传递遗传信息，那么这类诱变剂则被认为是环境诱变剂。未经人工处理而发生的突变称为自发突变；经过人工处理而发生的突变称为诱发突变。

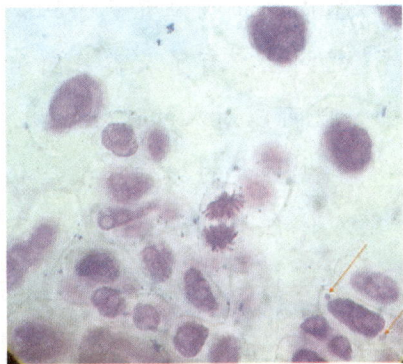

生物工程技术下的未来世界

科普档案 ●名称：生物工程●内容：遗传工程、细胞工程、微生物工程、酶工程和生物反应器工程

随着 21 世纪的到来，生物工程技术的发展日新月异，可以预见，未来的生物技术将全面改变人类的生活及生存状态。但同时，作为副产品，人类也将面临生物遗传学引发的一系列棘手的社会问题。

当今的生物工程技术发展日新月异，人们可以预见，未来的生物技术将全面改变人类的生活及生存状态。但同时，获得总是要付出代价，作为副产品，也可能会引发一系列棘手的社会问题。

随着 21 世纪的到来，人类将面临生物遗传学带来的一些社会问题。可以仅从有关人类的两个方面来分析生物遗传学将带来一系列社会问题的可能性，那就是基因组图谱、生命与伦理。

20 世纪 90 年代初，一个世界级的科学家团体宣布，将在未来的七年内编绘出人类的全部基因图，这一计划被称为"人类基因组工程"。这项计划的目的在于详细调查、破译组成人体遗传物质的 35 亿对基因碱基。"人类基因组工程"的科学价值被当年舆论评价为"关系到人类未来的健康，关系到遗传疾病、基因病、癌症以及最令人关心的艾滋病的治疗"。

有了人类遗传基因图，就可以确定各种遗传基因的正确位置。一旦完成了人类基因组计划，即意味着"生命百科全书"的问世。有了人类基因组图谱，人类的生、老、病、死之谜也就一目了然了。既可以对人的遗传性状、行为模式等有所预见，又可以对其他门类的学科产生巨大的影响。难怪人们把人类基因组计划看作是"试图全面彻底了解人体自身奥秘的阿波罗登月计划"。一旦人类基因组图谱被绘制出来，那么从易读的人类基因组图谱中的 DNA 来预测人的性状，同时又会使人们面临着涉及人的隐私、婚姻、

就业、保险等一系列社会问题。例如,可能出现用遗传基因筛选的方法聘用雇员,从而使带有一组不利基因的人的就业机会受到限制;可能出现不能结婚的遗传群体,这些群体将受到基因歧视。

此外,一旦将人类

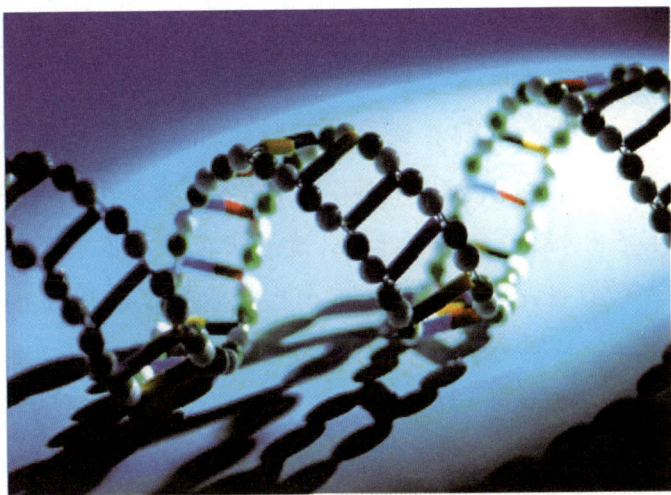
□人类基因组工程

基因与人的行为表现联系起来,用电脑分析基因对于个人行为的作用,以此预测人的综合能力和可教育程度时,就会存在把遗传检验当作判断人的能力的精确尺度,而忽视教育等其他因素对个体的作用。甚至还有某些人、某些团体可能会利用人类基因组图谱翻起遗传决定论的沉渣,点燃种族主义的火种。因此,世界各国众多的有识之士已经开始呼吁,尽快讨论制订使用遗传信息的政策和立法问题,避免出现与人们期望的人类基因组工程主旨背道而驰的后果。

再就是生殖与伦理。人们都明白一个无可奈何的事实,那就是世界上没有长生不死的生物,区别无非只是寿命的长短。每个生命个体在死亡之前,总会以某种方式繁衍与自己性状相似的后代以延续生命,这就是生殖。人类的自然生殖过程是由性交、输卵管受精、植入子宫、子宫内妊娠和分娩等步骤所组成的。如果因为某种原因而不能生育时,是否可以通过某些技术手段来生儿育女呢?这种设想当然是能够实现的。现在,人们完全可以根据需要在实验室里通过人工授精、体外授精和胚胎移植等生殖技术手段培养出一个婴儿。

人工授精、体外授精和无性生殖是当代三种基本的生殖技术。人工授精可以解决丈夫不育症所引起的难题。现在世界上有不少国家有了精子库。体外授精是用人工方法在人体外将精子和卵子放在含有特定营养液中受精,发育到前胚阶段移植到母体子宫内,让其继续发育直至分娩。现在的试管婴儿还是在母亲的子宫中发育成长起来的。据不少科学家预测,胎儿整个发育时期都在试管中进行的真正的试管婴儿或许在不久的将来就能实现。到那时,如果不加限制,就会有大批量的婴儿按流水作业的方式成批生产出来。假如果真如此,情形实在令人不寒而栗。

20世纪60年代初,英国生物学家霍尔丹在《未来一万年的人种生物学的可能性》一文中叙述了人类实现无性繁殖的可能性。他的设想和克隆羊"多莉"的诞生一样,把人的体细胞的核移植到去核的卵细胞中,就可繁殖出克隆人。此外,霍尔丹还设想了一种可能:把两个没有受精的卵子融合起来,就可能繁殖有母无父的单亲人。这些人工生殖技术的应用改变了人类生育的自然过程,但也使人们面临前所未有的新问题,并对传统的伦理、价值观念、家庭和社会秩序等产生巨大的冲击,引发一系列的法律和伦理道德问题。不是夫妻,却要实行人工授精,却要让他们的生殖细胞结合、发育、生孩子。精子、卵子、子宫一旦变成商品一样的东西,儿女也就成了商品,他们从存在那一天就开始迷惘。通过体细胞克隆或融合形成的孩子已经失去了子女的概念,而是提供体细胞核的人的复制。克隆人同供核人之间,在年龄上可以相差几十乃至上百岁,但他们不是亲子关系,而是兄弟、姐妹,这太不可思议了。家庭将如何定义谁是父亲,谁是母亲,我是谁? 这将会是个十分头痛的难题。

当然,由于这些不利因素,对"克隆人"的反对呼声还是很大的,这关系到人类的伦理道德等诸方面的问题。所以,在人类良知和道德的监控下,克隆人的问题还将继续被研究下去。

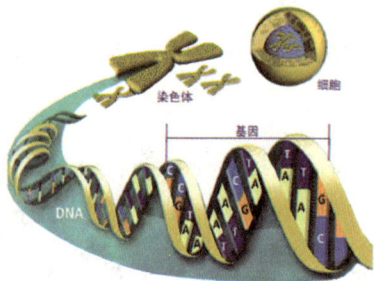

知识链接

遗传基因

遗传基因也称为遗传因子,是指携带有遗传信息的DNA或RNA序列,是控制性状的基本遗传单位。基因通过指导蛋白质的合成来表达自己所携带的遗传信息,从而控制生物个体的性状表现。现代医学研究证明,除外伤外,几乎所有的疾病都和基因有关系。

死而复生不是梦

科普档案 ●名称:人体冷冻 ●首例冷冻"患者":美国物理学家詹姆士·贝德福德 ●时间:1967年1月19日

随着科技的日新月异,死而复生的美好愿望或许将实现。据俄罗斯《论据与事实》《真理报》报道,科学家有望在100年内发现治愈绝症的良方。现代病人如果能陷入漫长的睡眠,100年后良药发明时再复苏,将有机会被治愈。

长期以来,"死而复生"都被人们认为是绝不可能的,只有在科幻小说中才会出现,这是人类一个美好的愿望。然而随着科技的日新月异,已经没有什么绝对的不可能了,人类在科技史上创造了一个又一个看似不可能的奇迹,这些都是前人不敢想象的,可是人类就是做到了! 那么死而复生呢? 科学家们做了这样一个美好的设想。据俄罗斯《论据与事实》《真理报》报道,像癌症和艾滋病这样的疾病目前仍属不治之症,然而科学家有望在100年内发现治愈这些绝症的良方。现代病人如果能陷入漫长的睡眠,等100年后良药发明时再复苏,将有机会被治愈。

那么,怎样让病人陷入漫长的"睡眠"呢? 19世纪40年代以来,科学家们就一直在研究"人体冷冻术"。然而,在动物身上进行的冷冻实验几乎全告失败,因为温血细胞在零下18摄氏度的状况下就会结冰死亡。

还有一些人希望自己的遗体能用液态氮保存起来,梦想将来能通过高科技复活。美国就有专门的"遗体冷冻"公司,

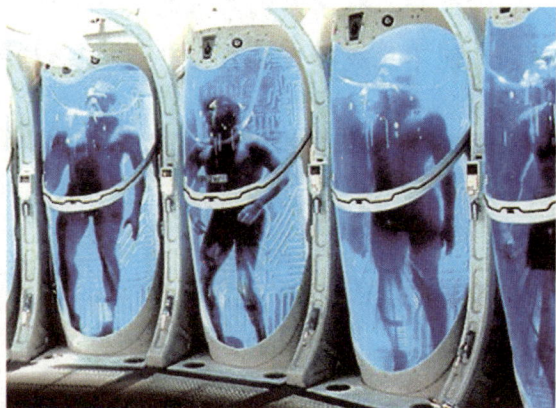
□人体冷冻术

保存一具冷冻遗体的价格从3万美元到15万美元不等。可是，这些冷冻者却没有任何复活的机会，因为当他们接受冷冻后，身体中的水分将转化为冰冻晶体，这些"冰冻晶体"将会对细胞组织造成永远无法挽回的伤害。所以，人体冷冻术的关键，就在于冷冻后体内不会形成冰冻晶体。

据悉，俄罗斯科学家一直在研究可以长期保存人体细胞的"人体冷冻术"，目前在老鼠身上的实验证明，俄罗斯科学家已经取得了巨大的成效。让"冷冻人体"能在100年后复活，也许不久就将从梦想变为现实。

莫斯科塞切诺夫医学院教授泰普科霍夫和谢巴科夫在研究中，发明了一种混合惰性气体。当这些惰性气体注入人体细胞后，在冷冻的情况下，它们将变成果冻状物质，从而防止人体中的水分结成"冰晶"。终于，冷冻技术中的一个重大困难被人们解除了。

科学家们立刻做了这样一个关于"冷冻保护者"介质的试验。他们把一只注射了惰性气体的实验鼠冷冻到了零下196摄氏度的低温，接着科学家们将它的温度渐渐升到零摄氏度。然后，科学家们将这只实验鼠的心脏移植到了另一只常温老鼠的身上，那颗移植的心脏立即开始了跳动。科学家们对这一实验重复进行了10次，几乎每次都取得了成功。

2006年，科学家们将这项技术向俄罗斯发明登记署进行了专利申请。目前他们将建立一个保存器官的冷冻库，用来拯救那些绝症患者，而在低温环境中冷冻和保存人体，才是该科学小组的最终目标。

如果按照科学家们的设想，死而复生将不会只是人们的美好幻想，然而到底能不能成功呢？我们只能拭目以待。

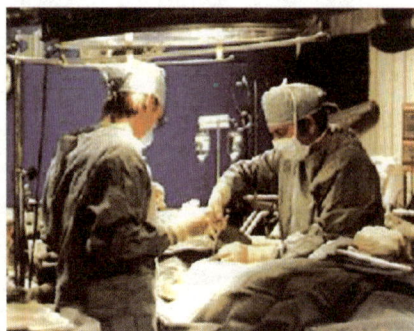

知识链接

人体冷冻

人体冷冻是一门新兴的科学，主要研究体温对寿命的影响。降低体温的实验已经取得了良好效果。如果将人的体温降低两度，那么一个人便可以多活120~150年。果真如此，人类就能像《圣经》里说的那样，活到700岁甚至800岁。但是，实验刚刚开始，所以现在向世人宣称我们已征服了死亡还为时尚早。

科学家能推测未来

科普档案　●名称:记忆●形成步骤:1.获得信息 2.储存信息 3.将储存的信息取出,回应一些暗示或事件

有研究成果表明,通过大脑活动的轨迹能掌握脑部活动规律,并因此知晓过去、推测未来。换句话说,下一秒钟你会想些什么,科学家全知道。

推测未来和知晓过去在以前仿佛只是那些算命先生谋生的法宝,如果用科学的态度来看,那当然是不可信的。但是如果是用科学的手段呢?有研究成果表明,通过大脑活动的轨迹能掌握脑部活动规律,并因此知晓过去、推测未来。换句话说,下一秒钟你会想些什么,科学家全知道。

美国宾夕法尼亚州立大学的心理学家、心理研究员们,通过对大脑记忆与再现记忆过程的反复研究,描述了回忆的全过程:当人们因为某一事物、某一句话"触景生情"时,大脑会在顷刻间穿梭时空,紧急在记忆库中搜索,回到过去的某一时刻,把当时的情景"放电影"般展现在脑海中,随后再转换成文字表述出来。

研究人员发现,大脑记忆是有规律可循的,只要掌握了这个规律,不仅回到过去、勾起往事不费吹灰之力,就是预测未来,根据一个人的思维习惯推测他会想些什么,也不是难事。

研究人员对脑部记忆活动做了一个小小的试验:首先要求实验对象浏览大量的图片或盯着电脑屏幕看。实验者所看的图像分作三类:一是名人,像好莱坞影星哈莉·贝瑞;二是地点,像泰姬陵等世界知名文物古迹;三是日常生活中随处可见的物品,像小镊子、小镜子等。

为了加深对大脑中出现事物的印象,当实验对象盯着图片看时,研究

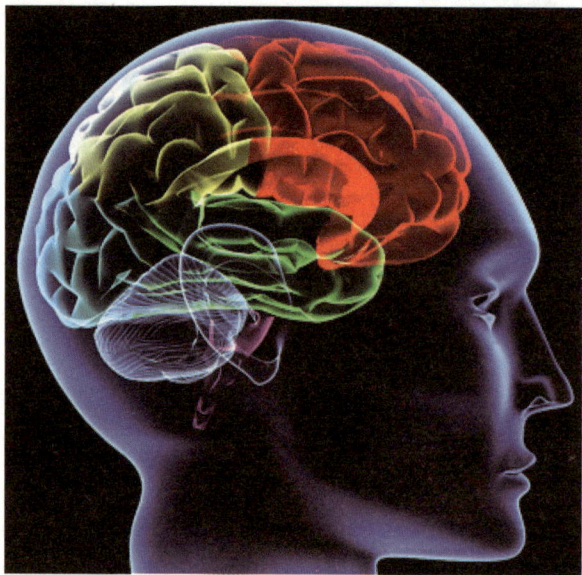

□ 大脑记忆是有规律可循的

人员有意就图片提问，像你喜欢哈莉·贝瑞吗，为什么喜欢她？你去过泰姬陵吗，想去看看吗？多长时间使用一次小镜子，用来干些什么等等，而且不断地重复这一过程，每次都提相同的问题。慢慢地，当次数不断增多时，研究人员不再让实验对象看图片，不过还会对他们提出同样的问题或此时研究人员会问，"当我提问时，你们脑子里想到了什么？"所有人异口同声回答的都是先前反复看的图片。这便是大脑活动形态与图像之间的联系。

科学家们因此发现，一般情况下，从脑中想起某一事物到用嘴将该物表述出来，所花的时间约为5.4秒。宾夕法尼亚州立大学的博士后研究员肖恩·波雷宁说："当你干过某件事后，该事便会以大脑皮层活动形式保存下来。当记忆系统将其激活时，大脑皮层立即变得兴奋，将该事物'调'出来。于是人们便想起过去发生的事。"

波雷宁认为，通过记忆规律可推测思维，掌握了脑部活动的规律，今后科学家们只要"掐指一算"就知道某个人在想什么，而下一秒他又会想些什么。事实上，根据大脑活动的规律，在实验人员说出脑中的想法时，科学家大概已经推测出来了。因此，科学家们认为，搜索记忆的思维过程本身就是可以被看见的。

通过大脑活动可以推测人的思想，这一发现无疑是科技上的一次飞跃。因为，只要掌握了这一思维规律，人们便可以有效克服周期性记忆的弊端，及时更新大脑中即将忘却的信息，恢复记忆碎片，让每一微小的记忆都能清晰地保存在脑海中。此外还可以按照记忆的特定模式，寻找到记忆"捷径"，花最少的时间达到最有效的记忆效果。

　　然而，任何事情都具有两面性，这项科技成果也会带来不少弊端。因为，倘若自己所想的都能为他人所知，那么世界将会变成一个什么样子？岂不会变得非常恐怖！而且从伦理学的角度来说，思维活动属于个人隐私。一旦每个人的想法能被他人所掌握，甚至下一步会想些什么也被他人推测出来，就等于隐私遭到侵犯，同时也是很可怕的事情。

　　可见，这项科技的进步也不是全无弊处，正确合理地运用可以造福人类，反之则会造成巨大的混乱。

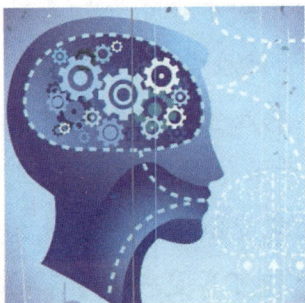

📖知识链接

逻辑推理

　　逻辑推理就是，当人类听到别人陈述的事情时，大脑开始历经复杂的讯号处理及过滤，并将信息元素经过神经元迅速地触发并收集相关信息，这个过程便是超感知能力。之后由经验累积学习到的语言基础进行语言的处理及判断，找出正确的事件逻辑。

未来基因药物可定制

科普档案 ●**名称:**基因药物 ●**特性:**选择性 ●**功能:**基因的分离、合成、切断、重组、转移和表达等

随着生物和医药技术的进步，科学家们预言，未来的你只需吃一小粒为你量身定做的基因药，就可以达到治病的目的，现行的大多数化学药将被基因药取代，看病治病个性化，远程医疗大大普及，所以你想多方便就能多方便。

随着生物和医药技术的进步，科学家们预言，未来的社会将一改目前的看病和治疗的形势，他们提出25年后基因药将大行其道，远程诊病将进入千家万户。

25年以后，怎么看病，怎么治病？未来的药品产业会是什么样？科学家们为人类描绘了一幅幅25年后的欣喜画面——你将粘有你唾液的一个纸条或者一根头发放入信封寄到医院，医生就能确诊你究竟得了什么病。你只需吃一小粒为你量身定做的基因药，就可以达到治病的目的了，再不用亲自跑到医院做各种麻烦的化验检查，也不用大把的吃药。因为，现行的大多数化学药将被基因药取代，看病治病个性化，远程医疗大大普及，所以你想多方便就能多方便。

25年后，人们看病不必跑医院，远程医疗系统将为人类就医条件带来质的飞跃。那时，每个人都可拥有一份自己的全面健康信息电子档案，它将记录你的血型、血压、酶代谢水平、矿物质含量、微量元素水平等一切基础身体指标。在全市甚至更大的范围内建立起一个电子健康信息档案网络。远程医疗网络将延伸到互联网所触及的任何地方，病人完全不需要挤医院，你只要把粘有你唾液的一个纸条或者一根头发放入信封寄到医院，或者利用远程诊断系统照一下你的眼睛或舌苔，医生就能断定你得了什么病。远程诊疗系统可以使偏远地区的病人，足不出户即可享受一流专家的

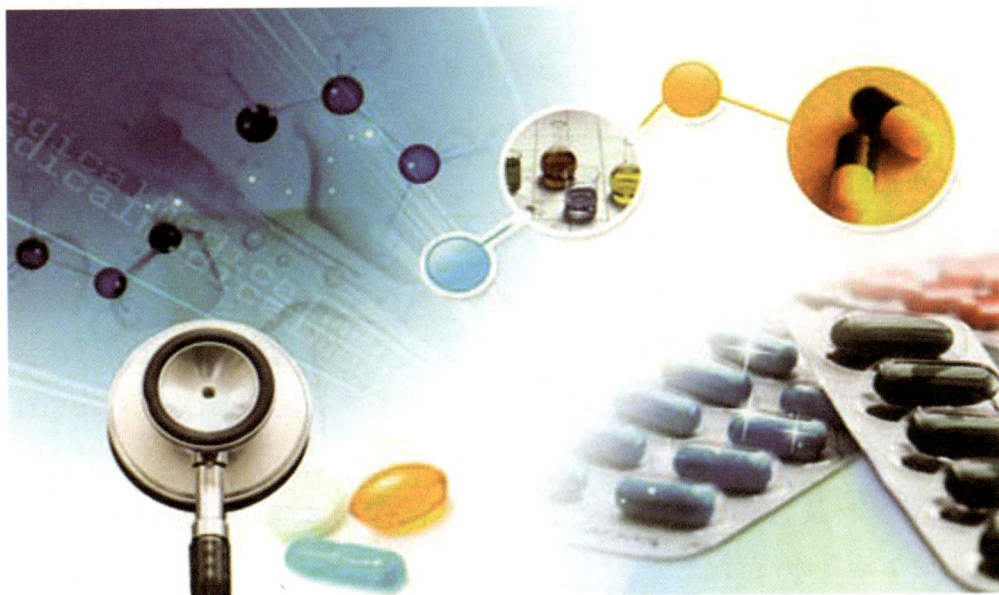

□未来基因药物

服务。

这一天并不遥远。目前,在美国已经有公司开始从事这方面的工作。而中国的南京军区总医院已经在做电子信息档案,比如电子病历等。

现在人们看病常见的检查手段是验血、验尿、照B超、X光、核磁共振等。随着生物技术进一步发展,上述常见的检测手段,许多将会被基因检测手段所替代,特别是针对基因变异所导致的疾病。百姓还不了解的新的基因检测项目将广为普及,医生只需提取你一根头发或者一点头皮屑就足够进行基因检测用了。检验的方法将十分快捷,患者就诊也将更轻松。鉴于基因治疗的特性,大面积创伤型的手术将会越来越少,现行治疗癌症的手术、放疗、化疗等手段很可能不复存在。

因为基因治疗的方案一定是个性化的量体裁衣方式,所以药品也一定是个性化的。甚至有可能形成一种医生的诊断报告出来以后,治药公司马上针对单个病人制造基因药品的模式。基因药物从外形来讲可能是片剂、针剂,也可能是一种有治疗功能的巧克力。基因药总的趋势是更加精致,更加方便,毒副作用几近为零。从生产角度讲,基因药前期需要渊博的知识准备,但到工业化生产阶段,它并不像化学药那样需要巨额资金投入,因而生

143

产成本并不会很高。

不久的将来人们将非常方便地通过基因序列测定检查出各种疾病,并按照多了减、少了加、缺了补的思路进行基因治疗。比如奥克公司试制出的治疗性基因工程艾滋病疫苗,其思路就是通过基因药物激活人体的免疫系统,使病人通过自身人体免疫系统消灭病毒。

由于可以利用生物技术在动物身上培植人类器官,器官移植的医疗费用将大幅下降。将来或许你就可以像养宠物一样,在家里养一只能够生成你所需某种器官的动物,等器官长成后取来移植。从技术上讲,这一切已经不是问题。

总之,科技将会使我们的生活日新月异,基因工程的不断发展将会使我们的生活更加便利、先进。

知识链接

免疫系统

免疫系统是人体抵御病原菌侵犯最重要的保卫系统。这个系统由免疫器官(骨髓、脾脏、淋巴结、扁桃体、小肠集合淋巴结、阑尾、胸腺等)、免疫细胞(淋巴细胞、单核吞噬细胞、中性粒细胞、嗜碱粒细胞、嗜酸粒细胞、肥大细胞、血小板),以及免疫分子(补体、免疫球蛋白、干扰素、白细胞介素、肿瘤坏死因子等细胞因子等)组成。

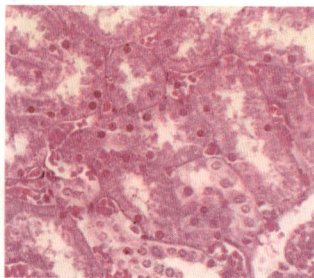

未来人类能活多少岁

科普档案 ●名称:寿命 ●影响因素:饮食习惯,运动,身体素质,教育程度,心理状况,人际关系等

在人类进化发展的历史中,随着人类环境卫生的改善、公共卫生质量的提高,人的寿命也在不断延长。多项研究成果使科学家们相信,也许50年内,人类的平均寿命就可达到150岁。

随着人类环境卫生的改善、公共卫生质量的提高,人的寿命也在不断延长。在约4000年前的青铜器时期,人的平均寿命只有18岁。从青铜器时代到公元1900年的4800年间,人类的寿命估计约增加了27年。从公元1900年到1990年短短90年间,增加的幅度至少也有这么多。于是,人们不仅会对这样一个问题给予关心和注意——人类寿命的极限到底是多少?

科学家们也一直在寻找这个问题的答案。科学家们曾认为,可能还需要100年,人类的寿命才能延长一倍。但多项研究成果已使科学家们相信,这一时间将大幅缩短。也许50年内,人类的平均寿命就可达到150岁。

长期从事人体衰老机制研究的美国南加利福尼亚大学生物医学家瓦尔特·隆哥教授发现,经过基因"修改"的酵母菌,寿命延长了6倍!这项试验创造了延长生物生命的最高纪录。相关研究成果刊登在世界著名学术期刊《细胞》杂志上。

科学家们已开始在老鼠身上进行此类试验。试验鼠在经过基因修改后,寿命明显延长。如果把这项试验移到人类身上,按人类的平均寿命70岁来算,一旦试验成功便可将生命延长6倍,人类就可以活到400多岁!

现在已经发现了细胞的染色体顶端有一种叫作端粒酶的物质。细胞每分裂一次,端粒就缩短一点,当端粒最后缩短到无法再缩短时,细胞的寿命

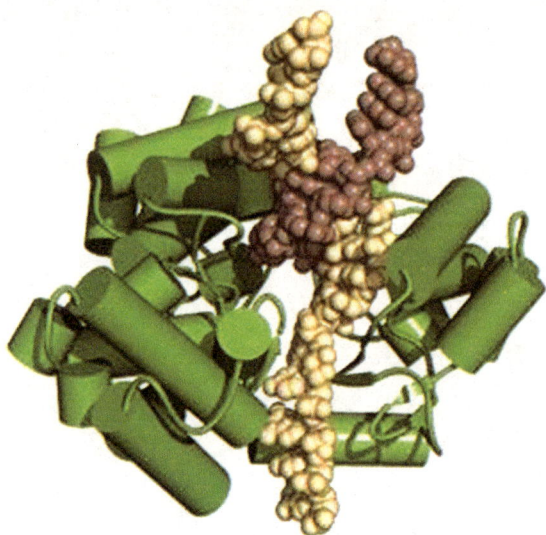
□ 端粒酶

也就到头了。如果对端粒酶来个"时序倒转",细胞不就长生不灭了吗？已经取得的成果有：使用纳米技术，老鼠的脑细胞寿命被延长了 3~4 倍；使用转基因技术，使血管内细胞的分裂次数从 65 次增加到 200 次以上，突破了"海弗里克极限"（即细胞分裂次数极限为 40~60 次）。

正常人到底能活多少年？不同的学者从不同的视角考察，采用不同的方法所推算出来的年限是不同的。细胞分裂次数与分裂周期测算法认为，人类寿命是其细胞分裂次数与分裂周期的乘积。自胚胎期开始细胞分裂 50 次以上，分裂周期平均为 2.4 年，从而推算出人类最高寿命至少是 120 岁。性成熟期测算法推算，人类的最高自然寿命应是 112~150 岁。生长期测算法推算，人类的自然寿命为 100~175 岁。怀孕期测算法推算，人的自然寿命最高可达 167 岁。可见，无论用以上哪种方法推算，人类正常的自然寿命都应该在 100 岁以上。

人的寿命主要受内外两大因素影响。内因是遗传，外因是环境和生活习惯。遗传对寿命的影响，在长寿者身上体现得较突出。一般来说，父母寿命高的，其子女寿命也长。德国科学家用 15 年的时间，调查了 576 名百岁老人，结果发现他们的父母死亡时的平均年龄比一般人多 9~10 岁。美国科学家发现，大多数百岁老寿星的基因，特别是"4 号染色体"有相似之处。于是研究人员希望能够开发出相应的药物帮助人类益寿延年。

外因对人的寿命的影响也不可忽视。许多研究表明，长寿关键还在于个人科学的行为方式和良好的自然环境、社会环境。完全按照健康生活方式生活，可以比一般人多活10年，即活到85岁以上。

　　乐观的技术主义者认为，通过现代科学技术来延长细胞生命是完全可行的。但冷静的保守人士认为，人的生命不是简单的细胞分裂、衰老和长寿是多基因、多层面和多途径的复合原因一起作用的结果。而且人体非常复杂，很难保证用基因改变了这里而另一个地方还能如我们所愿在运转。另外，我们生活的环境大系统更是在人力控制之外。

　　所以，人类想给未来自身的寿命定一个界限，似乎还是不可能，也不会是准确的。因为影响寿命的因素实在很多，而在未来，这些因素究竟会有什么样的变化，人类也很难准确预测。

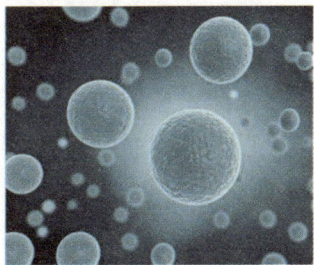

📖 知识链接

细胞分裂

　　细胞分裂是活细胞繁殖其种类的过程，是一个细胞分裂为两个细胞的过程。分裂前的细胞称为母细胞，分裂后形成的新细胞称为子细胞。通常包括细胞核分裂和细胞质分裂两步。在细胞核分裂过程中母细胞把遗传物质传给子细胞。

基因工程创造奇迹

科普档案 ●名称:基因工程 ●特征:跨物种性,无性扩增 ●应用:农牧业,食品工业,环境保护,医药卫生等

基因工程是人类一项伟大的工程,随着基因技术的进一步发展和应用,基因工程在农业领域的应用,将会使未来的农业突飞猛进地发展,创造出飞跃性的奇迹。

基因工程是人类一项伟大的工程,随着基因技术的进一步发展和应用,基因工程将会在各个领域为人类造福,创造巨大的财富。

基因工程在农业领域的应用,将会使未来的农业突飞猛进地发展,创造出飞跃性的奇迹。

首先,对不同生物的基因,人们可以根据自己的意愿,在体外进行切割、拼接和重新组合,再转入生物体内,就可以产生出人们所期望的产物,或创造出只有新的遗传特征的生物类型,或达到人们所期望的某种目标。例如,我们要获得一种抗虫的农作物,就要先分离出一段基因,这个基因编码有某种专门杀虫的毒蛋白,然后将这个基因放在一个载体上,通过载体将这段基因转到农作物植株细胞的 DNA 上去。这样,在这些转入基因的农作物细胞中就能产生这种杀虫的蛋白,虫子一吃就会被杀死。这种能杀虫的特性可以随着 DNA 的复制而传给后代,因此,这种良好的特性就被固定下来了。这就是整个基因工程的操作过程。

科学家们在很久以前就梦想使农作物自身具备抗虫害能力。基因工程在农药领域的应用,终于使这一梦想不再遥远。这一产业的典型代表是美国孟山都公司,该公司几年前就分离出抗虫害基因并成功地将其植入农作物体内。20 世纪末该公司试种含有抗虫基因的土豆的面积已达 1800 公顷,还在美国南部播种约 13.3 万公顷的抗虫害基因棉花。美国另外几家公司也

向农户提供了可播种约 3.3 万公顷的抗虫害基因的玉米种子。

利用基因，人们还可以改良果蔬品种，提高农作物的品质和多样性。更多的转基因植物和动物食品将问世，人类可能在 21 世纪里培育出超级作物。美国、加拿大等国利用转基因技术制造的基因食品已陆续登陆各国市场。

□ 利用基因改良的果蔬品种

在基因植物产业的带动下，基因动物产业的发展步伐也加快了许多。世界上第一头克隆羊"多莉"死了，但更多的"克隆动物"将会面世。基因技术的出现，彻底改变了传统生物科学技术的被动状态，使得我们可以克服物种之间的遗传屏障，按照人们的愿望，定向培养或创造出自然界所没有的新的生命形态，以满足人们的要求。例如蛋白质工程，包括通过基因工程技术了解蛋白质的 DNA 编码序列、蛋白质的分离纯化、蛋白质的序列分析和结构功能分析、蛋白质结晶和蛋白质的力学分析、计算机辅助设计突变区、对蛋白质的 DNA 进行突变改造等诸多过程。它不仅为改造蛋白质的结构和功能找到了新的途径，大大推动了蛋白质和酶学研究的发展，也为蛋白质(包括酶)的实用化开拓出美好的前景。

基因技术能给农业带来如此美好的前景，实在令人期待。

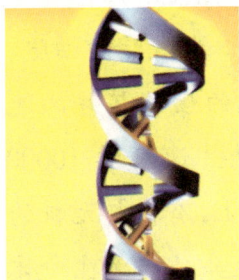

📖 知识链接

载　体

载体是能载带微量物质共同参与某种化学或物理过程的常量物质，在基因工程重组 DNA 技术中将 DNA 片段(目的基因)转移至受体细胞的一种能自我复制的 DNA 分子。三种最常用的载体是细菌质粒、噬菌体和动植物病毒。

创造生物材料新时代

科普档案 ●名称:生物材料●特征:基因技术与纳米技术结合●应用:生产抗体对付癌症、制造工业用品等

在日常生活中，基因产业和纳米技术几乎无孔不入，在军事、采矿、环保等各个领域，都已闪烁出光芒。我们有理由相信，在未来基因技术与纳米技术的结合将给人类带来"生物材料"的新时代。

纳米技术和基因工程都是当今社会的热点话题，目前它们在生活中各个领域的应用和效果也是有目共睹的。在未来，它们还将具备更广阔的拓展前景。例如，基因技术与纳米技术的结合将给人类带来"生物材料"的新时代。

纳米技术，泛指一切应用尺度在十亿分之一米范围内的技术。可以想象，纳米尺度上的制造业可以把我们现在的、几乎一切不同生产部门的生产过程简化为单一的、改变原先排序的过程。常见病毒的尺度是10~50纳米，常见微生物的尺度是300~1000纳米，典型原子的直径约为0.1纳米，而电子与原子核之间的典型距离约为0.05纳米。因此使用纳米技术可以一个细胞一个细胞地生产新型生物材料（如杜邦公司生产的GT3，即"第三代纺织品"），也可以逐个地医治生物体内有病的细胞，以纳米材料制造的生物芯片的速度在原则上是硅片速度的10000倍。在纳米尺度上，有机与无机的差异正在消失，生命体与无生命体

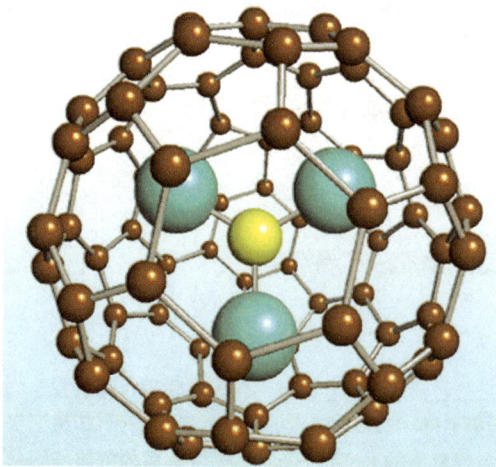

□纳米技术

的差异正在消失,甚至连"时间"与"空间"、"物质"与"非物质"的区分也成了问题。

　　基因工程和纳米技术的结合可以使人类制造一种特别的蛋白质,它能抵抗感染或发育缺陷;还可以大规模生产各种抗体用来对付癌症;抗老化和控制肥胖;还可以培植能在几年内而不是几十年内长成的树木,满足木材需求;建造用于生产工业塑料的生态工厂取代整个石油化工产业;以昆虫类和动物来生产最结实的纤维和最坚硬的合成品;制造比当今最快的速度还快几千倍的生物蛋白质计算机,进行皮肤、血液、骨骼以及人类主要细胞的合成;建造在受到损坏时有自动修复能力的新型包装及造型材料;创造具有人类肌肉的伸缩功能的生物合成材料用来取代体力劳动;生产自动吸收和清洁污迹的材料;还能创造出可以根据环境自动变形的合成材料,广泛用于工业、消费、医疗保健、无污染和几乎免费的生物能源的使用;此外,还能用来获取和保存太阳能的生物涂料,在人体内巡回视察寻找并纠正老化细胞的"智能鼠",等等。可见,这种生物材料将会给人类带来巨大的实惠。可以说,在日常生活中,基因产业和纳米技术几乎无孔不入,在军事、采矿、环保等各个领域,都已闪烁出光芒。我们有理由相信,二者的结合必将改变整个人类乃至所有地球生物的生存环境甚至历史进程。

知识链接

生物能源

　　生物能源既不同于常规的矿物能源,又有别于其他新能源,兼有两者的特点和优势,是人类最主要的可再生能源之一。生物能源不仅具有资源再生、技术可靠的特点,而且还具有对环境无害、经济可行、利国利农的发展优势。